FORSCHUNGSBERICHTE DES LANDES NORDRHEIN-WESTFALEN

Nr. 1904

Herausgegeben im Auftrage des Ministerpräsidenten Heinz Kühn
von Staatssekretär Professor Dr. h. c. Dr. E. h. Leo Brandt

DK 517.9

(Nr. 21 der Schriften des IIM · Serie A)

Dr. rer. nat. Volkmar Scharf

Rhein.-Westf. Institut für Instrumentelle Mathematik Bonn (IIM)

Ein Verfahren zur Lösung des CAUCHY-Problems für lineare Systeme von partiellen Differentialgleichungen

SPRINGER FACHMEDIEN WIESBADEN GMBH 1968

Diese Veröffentlichung ist zugleich Nr. 21 der »Schriften des Rheinisch-Westfälischen Institutes für Instrumentelle Mathematik an der Universität Bonn (Serie A)«.

ISBN 978-3-322-97899-8 ISBN 978-3-322-98422-7 (eBook)
DOI 10.1007/978-3-322-98422-7

Verlags-Nr. 011904

Ursprünglich erschienen bei Westdeutscher Verlag GmbH, Köln und Opladen 1968

Inhalt

Einleitung

Das in dieser Arbeit geschilderte Verfahren zur Lösung des Cauchy-Problems für lineare Systeme von partiellen Differentialgleichungen beruht auf einer Verallgemeinerung des Begriffes des »Matrizanten« einer Matrix. Dieser Begriff wird in der Theorie der gewöhnlichen linearen Differentialgleichungssysteme gelegentlich verwendet*. Betrachtet man das homogene Anfangswertproblem

$$\frac{d\mathfrak{Y}(t)}{dt} = \mathfrak{A}(t)\,\mathfrak{Y}(t), \quad \mathfrak{Y}(t_0) = \mathfrak{Y}_0, \quad t_0, t \in [\alpha, \beta],$$

wobei $\mathfrak{A}(t)$ eine N-reihige quadratische Matrix sein möge, deren Elemente stetige Funktionen im Intervall $[\alpha, \beta]$ sind, so läßt sich nach Anwendung des Picardschen Iterationsverfahrens die Lösung in folgender Form schreiben

$$\mathfrak{Y}(t) = \mathfrak{Y}_0 + \int_{t_0}^{t} \mathfrak{A}(\tau)\,d\tau\,\mathfrak{Y}_0 + \int_{t_0}^{t} \mathfrak{A}(\tau) \int_{t_0}^{\tau} \mathfrak{A}(\eta)\,d\eta\,d\tau \cdot \mathfrak{Y}_0 + \cdots = \Big(\sum_{\nu=0}^{\infty} \mathfrak{A}_\nu(t)\Big) \cdot \mathfrak{Y}_0.$$

Hierbei ist

$$\mathfrak{A}_0(t) = E \text{ (Einheitsmatrix)}$$

$$\mathfrak{A}_\nu(t) = \int_{t_0}^{t} \mathfrak{A}(\tau)\,\mathfrak{A}_{\nu-1}(\tau)\,d\tau.$$

Die Reihe $\sum_{\nu=0}^{\infty} \mathfrak{A}_\nu(t)$ konvergiert gleichmäßig im Intervall $[\alpha, \beta]$ gegen eine Matrix $A(t)$, für die gilt:

1. $A(t)$ nichtsingulär für $t \in [\alpha, \beta]$
2. $\dfrac{dA(t)}{dt} = \mathfrak{A}(t)\,A(t), A(t_0) = E.$

Die Matrix $A(t)$ nennt man den »Matrizanten« von $\mathfrak{A}(t)$.
Dieser Begriff läßt sich erweitern auf allgemeinere lineare Operatoren, indem man zunächst zu vorgegebenem linearem Operator D eine Operatorendifferentialgleichung

$$\frac{dX}{dt} = DX, \; X(t_0) = E$$

erklärt, deren Lösungen es gestatten, die Lösungen eines Cauchy-Problems der Form

$$\frac{\partial u(t, x)}{\partial t} = D\,[u(t, x)], \quad u(t_0, x) = \Phi(x)$$

in einfacher Weise zu schreiben.
Die dadurch hergestellte weitreichende Analogie zu den gewöhnlichen linearen Anfangswertproblemen ermöglicht in vielen Fällen eine besonders einfache Darstellung der bei partiellen Differentialgleichungen im allgemeinen komplizierten Verhältnisse.
Sie gestattet aber auch die Aufstellung konstruktiver Verfahren, wie zum Beispiel die Anwendung des Banachschen Fixpunktsatzes, welcher in der Form des Picardschen

* Siehe [1], S. 110.

Iterationsverfahrens eine beherrschende Rolle bei der Behandlung gewöhnlicher Differentialgleichungssysteme einnimmt. Eine derartige Betrachtungsweise auch beim Cauchy-Problem linearer Systeme von partiellen Differentialgleichungen einzuführen, erscheint mir in mancher Hinsicht von Vorteil. So erreicht man zum Beispiel eine weitgehende Unabhängigkeit von der besonderen Gestalt der im System auftretenden Matrizen. Es werden daher im allgemeinen komplizierte Umformungen und Matrizentransformationen sowie auch die Anwendung der gebräuchlichen Charakteristikenverfahren vermieden.

Auf einen weiteren Gesichtspunkt soll in dieser Arbeit besonderes Gewicht gelegt werden. Die Anwendung gewisser numerischer Verfahren wird durch die spezielle Darstellungsform der Lösung besonders begünstigt. An Hand einer wichtigen Klasse von partiellen Differentialgleichungen wird gezeigt, wie in der Methode der Intervallarithmetik ein wirksames Hilfsmittel gegeben ist, um die hier dargestellten formalen Entwicklungen auch im Sinne der numerischen Mathematik auszuwerten.

I. Die Verallgemeinerung des Matrizantenbegriffs auf lineare Operatoren

Bei den folgenden Betrachtungen sei stets ein abgeschlossenes, beschränktes und zylindrisches Gebiet $\mathfrak{G}$ des $\mathbf{R}^{n+1}$ zugrunde gelegt.

$$\mathfrak{G} = \left\{ (t, x) \middle| \begin{array}{l} x \in \mathfrak{G}' \subset \mathbf{R}^n, \text{ abgeschl. und beschr.} \\ 0, t \in [\alpha, \beta] \end{array} \right\}.$$

Auf $\mathfrak{G}$ bilden wir den linearen Funktionenraum

$$F = \{f(t, x) | f(t, x) \text{ in } \mathfrak{G} \text{ stetig}\}.$$

Sei $R \subseteq F$ ein linearer Teilraum von F und

$$\mathcal{M}_R = \{M | M \text{ linearer Operator von } R \text{ in } F\}.$$

Gleichheit, Summe und Produkt zweier Operatoren aus $\mathcal{M}_R$ seien in der üblichen Weise definiert.

Definition 1: Sei $t_0 \in [\alpha, \beta]$.

Der Operator $S(t_0)$ von F in F ist definiert durch die Vorschrift

$$S(t_0)\,[f(t, x)] = \bar{f}(t, x) = f(t_0, x) \wedge f(t, x) \in F.$$

(Daraus folgt $S(t_0) \in \mathcal{M}_F$)
$M \in \mathcal{M}_R$ heißt auf $R \subseteq F$ an der Stelle $t_0 \in [\alpha, \beta]$ definiert, wenn gilt

$$M \in \mathcal{M}_{S(t_0)\,[R]},$$

wobei

$$S(t_0)\,[R] = \{r' \mid r' = S(t_0)\,[r], r \in R\} \subseteq F.$$

Ist M an der Stelle t_0 definiert, so verstehen wir unter dem »Wert« von M auf R im Punkte t_0 den linearen Operator

$$M(t_0) = S(t_0)\, M \in \mathcal{M}_{S(t_0)\,[R]}. \tag{1}$$

Definition 2: Sei D_t der lineare Operator $\dfrac{\partial}{\partial t}$.

$M \in \mathcal{M}_R$ heißt auf R differenzierbar, wenn

$$D_t M \in \mathcal{M}_R \quad \text{und} \quad M D_t \in \mathcal{M}_R.$$

Unter der »Ableitung« von M auf R verstehen wir den linearen Operator

$$\frac{dM}{dt} = D_t M - M D_t \in \mathcal{M}_R. \tag{2}$$

Der Operator D_t selbst besitzt zum Beispiel überall, wo er differenzierbar ist, als Ableitung den Nulloperator.

Betrachten wir eine Funktion $a(t, x)$, für die $\dfrac{\partial a(t, x)}{\partial t}$ in $\mathfrak{G}$ existiert und stetig ist, und fassen wir $a(t, x)$ als Operator von R in F auf gemäß der Zuordnung

$$a[r] = a(t, x)\, r(t, x),$$

so ist $a(t, x)$ als Operator nach Definition 2 differenzierbar, sofern der Raum R aus stetig differenzierbaren Funktionen besteht. Sei $\frac{da}{dt}$ die Ableitung im Operatorensinne und $\frac{\partial a(t, x)}{\partial t}$ die gewöhnliche partielle Ableitung, so folgt

$$\frac{da}{dt}[r] = \frac{\partial (ar)}{\partial t} - a\frac{\partial r}{\partial t} = \frac{\partial a}{\partial t} r + a\frac{\partial r}{\partial t} - a\frac{\partial r}{\partial t} = \frac{\partial a}{\partial t} r = \frac{\partial a}{\partial t}[r]$$

bzw. $\frac{da}{dt} = \frac{\partial a}{\partial t}$ auf R.

Ist also eine partiell nach t stetig differenzierbare Funktion $a(t, x)$ als Operator auf einem linearen Raum R differenzierbar, so ist die Operatorenableitung von $a(t, x)$ gleich der als Operator aufgefaßten Funktion $\frac{\partial a(t, x)}{\partial t}$.

Sind M_1 und $M_2 \in \mathcal{M}_R$ auf R differenzierbar mit den Ableitungen $\frac{dM_1}{dt}$ bzw. $\frac{dM_2}{dt}$, so ist für beliebige reelle Zahlen c_1 und c_2 auch $c_1 M_1 + c_2 M_2$ auf R differenzierbar mit der Ableitung

$$\frac{d(c_1 M_1 + c_2 M_2)}{dt} = c_1 \frac{dM_1}{dt} + c_2 \frac{dM_2}{dt}. \tag{3}$$

Sei M_1 auf R differenzierbar, M_2 sei aus $\mathcal{M}_{R'}$ und es gelte

1. $M_1[R] = \{r' \mid r' = M_1[r], r \in R\} \subseteq R'$
   M_2 sei auf $M_1[R]$ differenzierbar

2. $\frac{dM_1}{dt}[R]$ und $M_1 D_t[R]$ seien Teilräume von R'.

   (Daraus folgt $M_2 M_1 D_t \in \mathcal{M}_R$.)

Dann ist $M_2 M_1$ auf R differenzierbar mit der Ableitung

$$\frac{dM_2 M_1}{dt} = \frac{dM_2}{dt} M_1 + M_2 \frac{dM_1}{dt}. \tag{4}$$

Beweis: Die Menge $M_1[R]$ ist als lineares Bild eines linearen Raumes wieder ein linearer Raum, auf dem nach Voraussetzung 1. der Operator M_2 differenzierbar ist. Für beliebiges $r \in R$ gilt daher:
$M_2 D_t$ und $D_t M_2$ sind nach Definition 2 lineare Operatoren von $M_1[R]$ in F, insbesondere ist dann $D_t M_2 M_1 \in \mathcal{M}_R$, woraus in Verbindung mit Voraussetzung 2. die Differenzierbarkeit von $M_2 M_1$ auf R folgt.

$$\frac{dM_2}{dt}[M_1[r]] = \frac{\partial (M_2 M_1[r])}{\partial t} - M_2\left[\frac{\partial (M_1[r])}{\partial t}\right].$$

Nun ist

$$\frac{\partial (M_1[r])}{\partial t} = \frac{dM_1}{dt}[r] + M_1\left[\frac{\partial r}{\partial t}\right].$$

Da nach Voraussetzung 2. $\frac{dM_1}{dt}[r] \in R'$ und $M_1\left[\frac{\partial r}{\partial t}\right] \in R'$, so folgt

$$M_2\left[\frac{\partial(M_1[r])}{\partial t}\right] = M_2\frac{dM_1}{dt}[r] + M_2 M_1\left[\frac{\partial r}{\partial t}\right].$$

Es ist dann

$$\frac{dM_2}{dt}\left[M_1[r]\right] = \frac{\partial(M_2 M_1[r])}{\partial t} - M_2\frac{dM_1}{dt}[r] - M_2 M_1\left[\frac{\partial r}{\partial t}\right]$$

bzw.

$$D_t M_2 M_1[r] - M_2 M_1 D_t[r] = \frac{dM_2 M_1}{dt}[r] = \frac{dM_2}{dt}M_1[r] + M_2\frac{dM_1}{dt}[r].$$

Über dem Funktionenraum F bilden wir nun den Vektorraum

$$V_F = \left\{ v(t,x) \,\middle|\, v = \begin{pmatrix} v_1(t,x) \\ \vdots \\ v_N(t,x) \end{pmatrix}, v_i(t,x) \in F \right\}.$$

Entsprechend definieren wir den linearen Teilraum V_R von V_F

$$V_R = \left\{ w(t,x) \,\middle|\, w = \begin{pmatrix} w_1(t,x) \\ \vdots \\ w_N(t,x) \end{pmatrix}, w_i(t,x) \in R \subseteq F \right\}.$$

Definiert man

$$S(t_0)[w] = \begin{pmatrix} S(t_0)[w_1] \\ \vdots \\ S(t_0)[w_N] \end{pmatrix}$$

$$D_t[w] = \begin{pmatrix} D_t[w_1] \\ \vdots \\ D_t[w_N] \end{pmatrix},$$

so lassen sich die Definitionen 1 und 2 analog für lineare Operatoren von V_R in V_F formulieren.

Sei $F^{(k_0,k_1,\ldots,k_n)} = F^{(k_0,k)}$ der folgende lineare Teilraum von F

$$F^{(k_0,k_1,\ldots,k_n)} = \left\{ f(t,x_1,\ldots,x_n) = f(t,x) \,\middle|\, \frac{\partial^{\nu_0} f}{\partial t^{\nu_0}} \text{ und } \frac{\partial^{\nu_i} f}{\partial x_i^{\nu_i}} \in F. \quad \begin{matrix} 0 \leqq \nu_i \leqq k_i \\ 0 \leqq \nu_0 \leqq k_0 \end{matrix} \right\}$$

Ferner bilden wir den linearen Teilraum $G^{(k_0,k)} \subset F$

$$G^{(k_0,k)} = S(0)\left[F^{(k_0,k)}\right].$$

Mit Elementen aus $F^{(k_0,k)}$ und den Bezeichnungen

$$D_i = \frac{\partial}{\partial x_i},\ i = 1\,(1)\,n,\ \alpha = (\alpha_1,\ldots,\alpha_n),\ \alpha_i \geqq 0 \text{ ganzzahlig},$$

$$|\alpha| = \alpha_1 + \cdots + \alpha_n \quad \text{und} \quad D^\alpha = D_1^{\alpha_1}\ldots, D_n^{\alpha_n},$$

bilden wir die Menge $\mathfrak{L}^{(k_0,k)}$ der linearen Differentialoperatoren

$$\mathfrak{L}^{(k_0,k)} = \{L \mid L = \sum_{\alpha_i \leqq k_i} f_\alpha(t,x)\,D^\alpha, f_\alpha \in F^{(k_0,k)}\}.$$

Wir können diese Menge von Operatoren als Teilmenge

$$\mathfrak{L}^{(k_0, k)} \subseteq \mathcal{M}_{S(0)\,[F^{(k_0, k)}]} = \mathcal{M}_{G^{(k_0, k)}}$$

auffassen.

Ist $L \in \mathfrak{L}^{(k_0, k)}$, so ist für $k_0 \geqq 1$ der Operator L auf $F^{(k_0, k)}$ differenzierbar und besitzt die Ableitung

$$\frac{dL}{dt} = \sum_{\alpha_i \leqq k_i} \frac{\partial f_\alpha}{\partial t} D^\alpha. \tag{5}$$

Es ist nämlich für beliebiges $f \in F^{(k_0, k)}$

$$\frac{dL}{dt}[f] = \frac{\partial}{\partial t} \sum_{\alpha_i \leqq k_i} f_\alpha D^\alpha[f] - \sum_{\alpha_i \leqq k_i} f_\alpha D^\alpha \left[\frac{\partial f}{\partial t}\right] =$$

$$= \sum_{\alpha_i \leqq k_i} \frac{\partial f_\alpha}{\partial t} D^\alpha[f] + \sum_{\alpha_i \leqq k_i} f_\alpha D^\alpha \left[\frac{\partial f}{\partial t}\right] - \sum_{\alpha_i \leqq k_i} f_\alpha D^\alpha \left[\frac{\partial f}{\partial t}\right] =$$

$$= \sum_{\alpha_i \leqq k_i} \frac{\partial f^\alpha}{\partial t} D^\alpha[f].$$

Die gleiche Aussage gilt auch auf $G^{(k_0, k)}$, und wegen $\frac{\partial \varphi}{\partial t} = 0$ für $\varphi \in G^{(k_0, k)}$ ergibt sich auf diesem Raum zusätzlich

$$\frac{dL}{dt}[\varphi] = \frac{\partial}{\partial t}(L[\varphi]). \tag{6}$$

Auf dem Vektorraum $V_{F^{(k_0, k)}}$ betrachten wir nun die Menge aller linearen Operatoren

$$\mathfrak{D}^{(k_0, k)} = \{D \mid D = (D_{ij}), D_{ij} \in \mathfrak{L}^{(k_0, k)}, i, j = 1\,(1)\,N\}$$

mit der Abbildungsvorschrift

$$D[v] = \Big(\sum_{\varrho=1}^{N} D_{i\varrho}[v_\varrho]\Big), \quad v = \begin{pmatrix} v_1 \\ \vdots \\ v_N \end{pmatrix}.$$

Ist $D \in \mathfrak{D}^{(k_0, k)}$ für $k_0 \geqq 1$, so ist D auf $V_{F^{(k_0, k)}}$ und auf $S(0)\,[V_{F^{(k_0, k,)}}]$ differenzierbar und besitzt die Ableitung $\frac{dD}{dt} = \left(\frac{dD_{ij}}{dt}\right)$, auf $S(0)\,[V_F{}^{(k_0, k)}]$ gilt zusätzlich

$$\frac{dD}{dt}[\Phi] = \frac{\partial(D[\Phi])}{\partial t} \wedge \Phi = \begin{pmatrix} \varphi_1 \\ \vdots \\ \varphi_N \end{pmatrix} \in V_{G^{(k_0, k)}}. \tag{7}$$

Sei nun $D \in \mathfrak{D}^{(k_0, k)}$ vorgegeben. V_R sei ein linearer Teilraum $V_R \subseteq V_{F^{(1,0)}}$. Auf V_R betrachten wir die Operatorendifferentialgleichung

$$\frac{dX}{dt} = DX \tag{8}$$

$$X(0) = E \text{ (Einheitsmatrix).}$$

Gesucht ist also ein linearer Operator X, welcher V_R in V_F abbildet, auf V_R differenzierbar ist, der Gleichung (8) genügt und auf V_R an der Stelle $t = 0$ definiert ist mit dem Wert E. Ferner betrachten wir das folgende Cauchy-Problem

$$\frac{\partial u(t,x)}{\partial t} = D[u],\ S(0)\,[u(t,x)] = \Phi(x) \in V_G \subseteq V_{G(k_0,\,k)}. \tag{9}$$

(Die Anfangsbedingungen, welche nur Funktionen von x sind, werden also hier formal als Funktionen von t, x aufgefaßt.) Die Lösungen dieses Problems lassen sich nun mittels der Lösungen des Problems (8) sehr leicht schreiben.
Es gilt nämlich

Satz 1: Ist $\Phi(x) \in V_G$ und X ein linearer Operator von V_G in V_F, welcher der Operatorendifferentialgleichung (8) und der Anfangsbedingung $X(0) = E$ auf V_G genügt, so ist der Vektor

$$u(t,x) = X\,[\Phi] \tag{10}$$

eine Lösung des Cauchy-Problems (9). Umgekehrt läßt sich jede Lösung des Cauchy-Problems (9) in der Form (10) darstellen, sofern der Raum V_G geeignet gewählt ist.

Beweis: Sei X eine Lösung der Operatorendifferentialgleichung (8) mit $X(0) = E$. Für $u(t,x) = X\,[\Phi]$ gilt wegen $D_t[\Phi] = 0$

$$\frac{\partial u(t,x)}{\partial t} = D_t X\,[\Phi] = D_t X\,[\Phi] - X D_t[\Phi] = \frac{dX}{dt}\,[\Phi] = D X\,[\Phi] = D[u(t,x)].$$

Außerdem ist die Anfangsbedingung des Problems (9) erfüllt, denn da $S(0)\,[\Phi] = \Phi$, so folgt

$$S(0)\,[u(t,x)] = S(0)\,X\,[\Phi] = S(0)\,X S(0)\,[\Phi] = X(0)\,S(0)\,[\Phi] = E\Phi = \Phi.$$

Sei umgekehrt $u(t,x)$ eine Lösung des Cauchy-Problems (9). Wir betrachten die von den Vektoren $\Phi(x)$ und $u(t,x)$ aufgespannten linearen Räume V_Φ und V_u

$$V_\Phi = \{\psi(x) \mid \psi(x) = c\Phi(x),\ c \text{ reell}\}$$

$$V_u = \{v(t,x) \mid v(t,x) = cu(t,x),\ c \text{ reell}\}.$$

Ist $u(t,x)$ eine der Anfangsbedingung $\Phi(x)$ entsprechende Lösung des Problems (9), so ist $cu(t,x)$ Lösung für die Anfangsbedingung $c\Phi(x)$. Wir können also die folgende lineare Abbildung betrachten

$$X\colon V_\Phi \to V_u$$

$$X\,[\Phi] \underset{\text{def.}}{=} u(t,x)$$

$$X\,[c\Phi] \underset{\text{def.}}{=} cX\,[\Phi].$$

Der lineare Operator X ist auf V_Φ differenzierbar, denn es gilt

$$D_t X[c\Phi] = D_t[cu] = D[cu] = D X[c\Phi]$$

bzw. $D_t X = D X$.

Wegen $D_t[c\Phi] = 0$ folgt $\dfrac{dX}{dt} = D X$.

Außerdem ist $X(0) = E$, denn

$$X(0)\, S(0)\, [c\Phi] = S(0)\, X[c\Phi] = S(0)\, [cu] =$$
$$= c\, S(0)\, [u] = c\Phi = S(0)\, [c\Phi].$$

Sei $V_R \subseteq V_F$ der lineare Raum aller Vektoren $u(t, x)$, für die $D[u]$ stetig in $\mathfrak{G}$ ist. Das Gebiet $\mathfrak{G}$ sowie der Operator D und der lineare Raum V_G seien so beschaffen, daß für jedes $\Phi(x) \in V_G$ die Anfangswertaufgabe (9) eindeutig lösbar ist und sämtliche Lösungen in V_R enthalten sind. Jedem $\Phi \in V_G$ ordnen wir die eindeutig bestimmte Lösung des Problems (9) im Raum V_R zu und erhalten eine bijektive lineare Abbildung X von V_G auf einen linearen Teilraum $V_D \subseteq V_R$.
Ist $u(t, x) \in V_D$, das heißt ist $u(t, x)$ Lösung des Anfangswertproblems (9) für eine gewisse Anfangsbedingung $\Phi(x) \in V_G$, so ist $u(t, x)$ darstellbar in der Form

$$u(t, x) = \Phi(x) + \int_0^t D[u]\, d\tau.$$

Mit dem linearen Operator $I_{t_0} = \int_{t_0}^{t} d\tau$, $t_0, t \in [\alpha, \beta]$, können wir für diesen Ausdruck auch schreiben

$$u(t, x) - I_0 D[u] = \Phi(x)$$

bzw.

$$\Phi(x) = (E - I_0 D)\, [u].$$

Die lineare Abbildung $E - I_0 D$ von V_D auf V_G stimmt also mit der Umkehrabbildung der linearen Abbildung X überein, somit gilt

$$X^{-1} = (E - I_0 D)$$

bzw.

$$X = (E - I_0 D)^{-1}.$$

Man verifiziert sofort, daß X auf V_G die Operatorendifferentialgleichung (8) mit der Anfangsbedingung $X(0) = E$ löst. Da nämlich für beliebiges $\Phi \in V_G$ der Vektor $X[\Phi] = u(t, x)$ Lösung des Cauchy-Problems (9) ist, so folgt analog wie in Beweis von Satz 1 $D_t X[\Phi] = D X[\Phi]$ und $X D_t[\Phi] = 0$ bzw. $\frac{dX}{dt} = DX$ auf V_G.
Außerdem gilt

$$X(0)\, S(0)\, [\Phi] = S(0)\, X S(0)\, [\Phi(x)] = S(0)\, [u(t, x)] =$$
$$= \Phi(x) = S(0)\, [\Phi].$$

Im allgemeinen wird die Lösungsmenge des Problems (8) von dem zugrunde liegenden Raum V_G, auf dem die Operatorendifferentialgleichung erfüllt sein soll, abhängen. Deshalb genügt es, zur Lösung eines vorgelegten Cauchy-Problems (9) den von der Anfangsbedingung $\Phi(x)$ aufgespannten linearen Raum V_Φ zu wählen und das Problem (8) auf diesem Raum zu untersuchen. Wir wollen jede Lösung X der Operatorenanfangswertaufgabe (8) als verallgemeinerten Matrizanten des Operators D auf V_R bezeichnen. Ist nämlich D gleich einer stetigen Matrix $\mathfrak{A}(t)$, so erhält man als Lösung von (8) auf $V_{F^{(1,0)}}$ den schon in der Einleitung erwähnten Matrizanten von $\mathfrak{A}(t)$.
Die damit erreichte Verallgemeinerung des Matrizantenbegriffs scheint im Zusammenhang mit den hier betrachteten Anfangswertproblemen unter den gemachten Voraus-

setzungen nicht mehr weitergetrieben werden zu können. Der lineare Operator, den wir als Matrizanten bezeichnen, ist ja im wesentlichen als eine lineare Abbildung erkannt worden, die jedem Anfangswert in eindeutiger Weise eine Lösung des gegebenen Anfangswertproblems zuordnet. Diese Zuordnung genügt ihrerseits einer Operatorendifferentialgleichung, welche beim gewöhnlichen linearen Cauchy-Problem einem gewöhnlichen linearen System mit vorgeschriebenen Anfangswerten entspricht.
Im Hinblick auf die folgenden Kapitel haben wir hier den Begriff des verallgemeinerten Matrizanten nur für lineare Differentialoperatoren formuliert. Selbstverständlich ist diese Begriffsbildung in gleicher Weise auch für beliebige andere lineare Operatoren, wie zum Beispiel Integraloperatoren, möglich. Auf die dadurch hergestellten interessanten Zusammenhänge mit Integrodifferentialgleichungen soll in dieser Arbeit jedoch nicht näher eingegangen werden.*

II. Der verallgemeinerte Matrizant $e_L^{\int_{t_0}^{t} D d\tau}$

Der gewöhnliche Matrizant $A(t)$ einer stetigen Matrix $\mathfrak{A}(t)$ kann sowohl definiert werden als Lösung des gewöhnlichen Anfangswertproblems für die Elemente von $A(t)$

$$\frac{dA(t)}{dt} = \mathfrak{A}(t)\, A(t), \quad A(t_0) = E$$

als auch als Grenzwert der unendlichen Matrizenreihe

$$A(t) = \sum_{\nu=0}^{\infty} \mathfrak{A}_\nu(t), \mathfrak{A}_0 = E, \mathfrak{A}_\nu = \int_{t_0}^{t} \mathfrak{A}(\tau)\, \mathfrak{A}_{\nu-1}(\tau)\, d\tau,$$

welche sich durch Anwendung des Picardschen Iterationsverfahrens ergibt.
In dem Fall

$$\mathfrak{A}(t) \int_{t_0}^{t} \mathfrak{A}(\tau)\, d\tau = \int_{t_0}^{t} \mathfrak{A}(\tau)\, d\tau\, \mathfrak{A}(t) \tag{11}$$

folgt durch partielle Integration

$$\mathfrak{A}_2(t) = \frac{\left(\int_{t_0}^{t} \mathfrak{A}(\tau)\, d\tau\right)^2}{2!}$$

und allgemein

$$\mathfrak{A}_\nu(t) = \frac{\left(\int_{t_0}^{t} \mathfrak{A}(\tau)\, d\tau\right)^\nu}{\nu!}.$$

* In [6] werden konstruktive Darstellungen der Lösungen allgemeiner Klassen von Anfangswertproblemen hergeleitet.

Es ist also

$$A(t) = \sum_{\nu=0}^{\infty} \frac{\left(\int_{t_0}^{t} \mathfrak{A}(\tau)\, d\tau\right)^{\nu}}{\nu!} = e^{\int_{t_0}^{t} \mathfrak{A}(\tau)\, d\tau}.$$

Der Matrizant $A(t)$ der Matrix $\mathfrak{A}(t)$ besitzt also eine enge Verwandtschaft mit der Exponentialfunktion einer Matrix, was schon durch das Differentialgleichungssystem, welchem der Matrizant genügt, nahegelegt wird.
Wir wollen daher für den Matrizanten $A(t)$ die Bezeichnung

$$A(t) = e_L^{\int_{t_0}^{t} \mathfrak{A}(\tau)\, d\tau} \tag{12}$$

einführen. Der Index L soll andeuten, daß in der Rekursionsformel

$$\mathfrak{A}_\nu(t) = \int_{t_0}^{t} \mathfrak{A}(\tau)\, \mathfrak{A}_{\nu-1}(\tau)\, d\tau$$

stets von links mit $\mathfrak{A}(t)$ multipliziert wird.
Man kann nämlich ebenso auch die folgende Matrizenreihe bilden

$$\overline{A(t)} = \sum_{\nu=0}^{\infty} \overline{\mathfrak{A}}_\nu(t),\ \overline{\mathfrak{A}}_0 = E,\ \overline{\mathfrak{A}}_\nu(t) = \int_{t_0}^{t} \overline{\mathfrak{A}}_{\nu-1}(\tau)\, \mathfrak{A}(\tau)\, d\tau.$$

Auch diese Reihe konvergiert gleichmäßig in dem betrachteten Intervall $[\alpha, \beta]$ gegen eine Matrix $\overline{A}(t)$, für die wir sinngemäß schreiben

$$\overline{A}(t) = e_R^{\int_{t_0}^{t} \mathfrak{A}(\tau)\, d\tau}. \tag{13}$$

Für den Fall, daß Gleichung (11) gilt, erhält man

$$e_R^{\int_{t_0}^{t} \mathfrak{A}(\tau)\, d\tau} = e^{\int_{t_0}^{t} \mathfrak{A}(\tau)\, d\tau} = e_L^{\int_{t_0}^{t} \mathfrak{A}(\tau)\, d\tau}.$$

Man zeigt leicht, daß zwischen

$$e_L^{\int_{t_0}^{t} \mathfrak{A}(\tau)\, d\tau} \quad \text{und} \quad e_R^{\int_{t_0}^{t} \mathfrak{A}(\tau)\, d\tau}$$

die folgende Beziehung besteht

$$\left(e_L^{\int_{t_0}^{t} \mathfrak{A}(\tau)\, d\tau}\right)^{-1} = e_R^{-\int_{t_0}^{t} \mathfrak{A}(\tau)\, d\tau} \quad \wedge t_0, t \in [\alpha, \beta] \tag{14}$$

Es ist nämlich

$$\frac{d\left(e_R^{-\int_{t_0}^{t} \mathfrak{A}(\tau)\, d\tau}\, e_L^{\int_{t_0}^{t} \mathfrak{A}(\tau)\, d\tau}\right)}{dt} = -\, e_R^{-\int_{t_0}^{t} \mathfrak{A}(\tau)\, d\tau}\, \mathfrak{A}(t)\, e_L^{\int_{t_0}^{t} \mathfrak{A}(\tau)\, d\tau} + e_R^{-\int_{t_0}^{t} \mathfrak{A}(\tau)\, d\tau}\, \mathfrak{A}(t)\, e_L^{\int_{t_0}^{t} \mathfrak{A}(\tau)\, d\tau} = 0.$$

Daraus folgt, daß das Produkt

$$e_R^{-\int_{t_0}^{t} \mathfrak{A}(\tau)\, d\tau} \quad e_L^{\int_{t_0}^{t} \mathfrak{A}(\tau)\, d\tau}$$

eine konstante Matrix in $[\alpha, \beta]$ ist.
Wegen

$$e_R^{\int_{t_0}^{t_0} \mathfrak{A}(\tau)\, d\tau} \quad e_L^{\int_{t_0}^{t_0} \mathfrak{A}(\tau)\, d\tau} = E^2 = E$$

folgt die Behauptung.
Es liegt nun nahe, das Picardsche Iterationsverfahren formal auch auf Differentialoperatoren $D = (D_{ij})$ zu übertragen und auf diese Weise zu versuchen, auf einem gewissen linearen Raum V_G einen verallgemeinerten Matrizanten von D zu konstruieren. Zu diesem Zweck gehen wir von dem folgenden linearen Raum aus:

$$F^{(0,\infty)} = \left\{ f(t, x) \,\middle|\, f \in F,\ \frac{\partial^{\nu_i} f}{\partial x_i^{\nu_i}} \in F \wedge i = 1\,(1)\,n,\ 0 \leqq \nu_i \text{ ganzzahlig} \right\}.$$

Wir bilden dann in der schon geschilderten Weise die Mengen $G^{(0,\infty)} = S(0)\,[F^{(0,\infty)}]$, $V_F{}^{(0,\infty)}$, $V_G{}^{(0,\infty)}$ sowie $\mathfrak{L}^{(0,\infty)}$ und $\mathfrak{D}^{(0,\infty)}$.
Addition und Multiplikation zweier Operatoren D_1 und $D_2 \in \mathfrak{D}^{(0,\infty)}$ sind auf $V_F{}^{(0,\infty)}$ bzw. $V_G{}^{(0,\infty)}$ unbeschränkt ausführbar, wobei gilt

$$D_1 + D_2 = (D_{ij}^{(1)} + D_{ij}^{(2)})$$

$$D_2 D_1 = \left(\sum_{\varrho=1}^{N} D_{i\varrho}^{(2)} D_{\varrho j}^{(1)} \right) \in \mathfrak{D}^{(0,\infty)}$$

(Das Produkt $D_{i\varrho}^{(2)} D_{\varrho j}^{(1)}$ zweier Elemente aus $\mathfrak{L}^{(0,\infty)}$ existiert natürlich auf $F^{(0,\infty)}$ bzw. $G^{(0,\infty)}$ und ist wieder ein Element der Menge $\mathfrak{L}^{(0,\infty)}$).
Ist $D_{ij} = \sum_{|\alpha| < \infty} f_\alpha^{ij}(t, x)\, D^\alpha$ mit $f_\alpha^{ij}(t, x) \in F^{(0,\infty)}$, so liegt der Operator

$$\sum_{|\alpha| < \infty} \int_{t_0}^{t} f_\alpha^{ij}(\tau, x)\, d\tau\, D^\alpha \underset{\text{def.}}{=} \int_{t_0}^{t} D_{ij} d\tau \tag{15}$$

in $\mathfrak{L}^{(1,\infty)}$ für $t_0, t \in [\alpha, \beta]$, und es gilt

$$\frac{d \int_{t_0}^{t} D_{ij} d\tau}{dt} = \mathrm{D}_{ij} \tag{16}$$

auf $F^{(1,\infty)}$ (bzw. auf $G^{(0,\infty)}$).

Ebenso gehört der Operator

$$\left(\int_{t_0}^{t} D_{ij} d\tau \right) \underset{\text{def.}}{=} \int_{t_0}^{t} D\, d\tau$$

zur Menge $\mathfrak{D}^{(1,\infty)}$.

Auf $V_G{}^{(0,\infty)}$ gilt zudem für beliebiges $\Phi \in V_G{}^{(0,\infty)}$:

$$\int_{t_0}^{t} D\, d\tau\, [\Phi] = \int_{t_0}^{t} D[\Phi]\, d\tau. \tag{17}$$

Nun sei Φ ein Element aus $V_G{}^{(0,\infty)}$, wir bilden den von Φ aufgespannten linearen Teilraum $V_G = V_\Phi$.

Auf V_Φ können wir formal die unendliche Reihe von Operatoren bilden:

$$\sum_{\nu=0}^{\infty} D_\nu \quad \text{mit} \quad D_0 = E,\ D_\nu = \int_0^t D\,D_{\nu-1}\,d\tau.$$

Die Operatoren D_ν sind sämtlich Elemente von $\mathfrak{D}^{(1,\infty)}$, denn zunächst ist $D_1 = \int_0^t D\,d\tau \in \mathfrak{D}^{(1,\infty)}$, da $D\,D_1 \in \mathfrak{D}^{(0,\infty)}$, so folgt $D_2 = \int_0^t D\,D_1\,d\tau \in \mathfrak{D}^{(1,\infty)}$ usw.

Wenn die mit Vektoren aus $V_{F^{(1,\infty)}}$ gebildete Reihe $\sum_{\nu=0}^{\infty} D_\nu[\Phi]$ komponentenweise konvergiert, so können wir $\sum_{\nu=0}^{\infty} D_\nu$ als linearen Operator von V_Φ in V_F auffassen, indem wir definieren

$$\left(\sum_{\nu=0}^{\infty} D_\nu\right)[\Phi] = \sum_{\nu=0}^{\infty} D_\nu[\Phi].$$

Wir wollen annehmen, daß die Reihe

$$\sum_{\nu=0}^{\infty} D\,D_\nu[\Phi] = \sum_{\nu=0}^{\infty} \frac{\partial}{\partial t} D_\nu[\Phi]$$

in $\mathfrak{G}$ gleichmäßig konvergiert. Da die Reihe $\sum_{\nu=0} D_\nu[\Phi]$ für beliebiges festgehaltenes $x \in \mathfrak{G}'$ im Punkte $(0, x)$ konvergiert, nämlich gegen $\Phi(x)$, so konvergiert $\sum_{\nu=0}^{\infty} D_\nu[\Phi]$ für alle (t, x) mit $t \in [\alpha, \beta]$ gleichmäßig, und es gilt

$$\sum_{\nu=0}^{\infty} \frac{\partial}{\partial t} D_\nu[\Phi] = \sum_{\nu=0}^{\infty} D\,D_\nu[\Phi] = \frac{\partial}{\partial t} \sum_{\nu=0}^{\infty} D_\nu[\Phi] = \frac{\partial}{\partial t}[X\Phi],$$

wenn $X = \sum_{\nu=0}^{\infty} D_\nu$ gesetzt wird.

Wegen $D_t[\Phi] = 0$ können wir daher sagen:

Wenn die Reihe $\sum_{\nu=0}^{\infty} D\,D_\nu[\Phi]$ in $\mathfrak{G}$ gleichmäßig konvergiert, so gilt:

1. es existiert der Operator $X = \sum_{\nu=0}^{\infty} D_\nu$ auf V_Φ
2. der Operator $\sum_{\nu=0}^{\infty} D_\nu$ ist auf V_Φ differenzierbar und besitzt die Ableitung

$$\frac{d}{dt}\left(\sum_{\nu=0}^{\infty} D_\nu\right) = \sum_{\nu=0}^{\infty} D\,D_\nu.$$

Der Operator $X = \sum_{\nu=0}^{\infty} D_\nu$ besitzt an der Stelle $t = 0$ den Wert E, denn es gilt:

$$S(0)\left[\sum_{\nu=0}^{\infty} D_\nu[\Phi]\right] = \sum_{\nu=0}^{\infty} S(0)\left[D_\nu[\Phi]\right] = \sum_{\nu=0}^{\infty} S(0)\left[D_\nu[S(0)[\Phi]]\right] = \Phi,$$

da $S(0)\,D_\nu = D_\nu(0) = 0$ für $\nu \geqq 1$ bzw. $D_\nu(0) = E$ für $\nu = 0$.

Wir erhalten somit

Satz 2: Damit der Operator $X = \sum_{\nu=0}^{\infty} D_\nu$ ein verallgemeinerter Matrizant von D auf V_Φ ist, genügen die folgenden beiden Bedingungen:

1. $\sum_{\nu=0}^{\infty} D D_\nu[\Phi]$ gleichmäßig konvergent in $\mathfrak{G}$

2. $\sum_{\nu=0}^{\infty} D D_\nu[\Phi] = D \sum_{\nu=0}^{\infty} D_\nu[\Phi]$ in $\mathfrak{G}$.

Für den Fall, daß $X = \sum_{\nu=0}^{\infty} D_\nu$ diese beiden Bedingungen erfüllt, wollen wir den durch $\sum_{\nu=0}^{\infty} D_\nu$ dargestellten Matrizanten wegen der analogen Konstruktion zum gewöhnlichen Matrizanten einer Matrix in der Form schreiben

$$\sum_{\nu=0}^{\infty} D_\nu = e_L^{\int_0^t D\,d\tau}. \tag{18}$$

Die Lösung des Cauchy-Problems (9) läßt sich gemäß der Gleichung (10) nun einfach in der Gestalt

$$u(t, x) = e_L^{\int_0^t D\,d\tau}[\Phi] \tag{19}$$

darstellen.
Das Verfahren zur Konstruktion dieser Lösung besteht darin, für die Operatorenreihe $\sum_{\nu=0}^{\infty} D_\nu$ die Bedingungen 1 und 2 von Satz 2 nachzuweisen und $\sum_{\nu=0}^{\infty} D_\nu[\Phi]$ zu bestimmen.
In den folgenden Kapiteln werden einige Klassen von partiellen Differentialgleichungssystemen an Hand des eben geschilderten Verfahrens untersucht, bei denen einschränkende Voraussetzungen über die Abhängigkeit der auftretenden Funktionen von den Variablen x_i und t gemacht werden. Dadurch ergeben sich besonders übersichtliche Verhältnisse, welche die Anwendbarkeit des Verfahrens um so mehr verdeutlichen.
Dennoch sei betont, daß diese Einschränkungen keineswegs notwendig sind. Das Verfahren ist zunächst nur an die gemachten Voraussetzungen über die Differenzierbarkeit der auftretenden Funktionen gebunden und stellt einen grundsätzlich möglichen Ansatz zur Konstruktion von Lösungen auch für den Fall dar, daß die Koeffizienten des Systems von sämtlichen Variablen abhängen. So ergibt sich zum Beispiel in dem folgenden einfachen Fall

$$\frac{\partial u}{\partial t} = (x + t)\frac{\partial u}{\partial x}, \quad u(0, x) = x$$

mit $D = (x + t)\dfrac{\partial}{\partial x}$ sofort die konvergente Reihenentwicklung

$$u(t, x) = e_L^{\int_0^t D\,d\tau}[\Phi] = x + \int_0^t (x + \tau)\,d\tau + \int_0^t (x + \tau)\frac{\partial}{\partial x}\left(x\tau + \frac{\tau^2}{2!}\right)d\tau + \cdots$$

$$= xe^t + \frac{t^2}{2 \cdot 1!} + \frac{t^3}{3 \cdot 1!} + \frac{t^4}{4 \cdot 2!} + \cdots$$

In schwierigeren Fällen werden natürlich die Glieder $D_\nu[\Phi]$ der Reihe

$$e_L^{\int_0^t D d\tau}[\Phi]$$

mit wachsendem ν sehr rasch komplizierte Gestalt annehmen, so daß die Frage der Restabschätzung der Reihe besondere Bedeutung gewinnt; und zwar muß im Einzelfall eine Abschätzung der Terme der Reihe für wachsendes ν geleistet werden.
Die in den folgenden Kapiteln betrachteten Klassen von Differentialgleichungen zeigen, daß es unter Ausnutzung der dort vorliegenden Verhältnisse möglich ist, relativ allgemeine Abschätzungen für die Lösung zu gewinnen. Die in den Kapiteln III. und IV. behandelten Fälle sind demnach Anwendungsbereiche der in den ersten beiden Kapiteln entwickelten Theorie. Das obige Beispiel zeigt die Möglichkeit der Behandlung des über diese Bereiche hinausgehenden Falles, in welchem die Koeffizienten von sämtlichen Variablen abhängen. In Kapitel V. wird unter Verwendung von Methoden der Intervallarithmetik ein neues numerisches Verfahren angegeben. Es ist zu betonen, daß das Gebiet der Anwendungen und numerischen Verfahren, die sich an die Theorie der beiden ersten Kapitel anschließen, damit keineswegs erschöpft ist und zahlreichen weiteren Untersuchungen Raum lassen wird.

III. Das Cauchy-Problem bei analytischen Koeffizienten und Anfangsbedingungen

Als erste Anwendung des in Kapitel II. geschilderten Verfahrens soll folgendes analytische Cauchy-Problem betrachtet werden:

$$\frac{\partial u(t, x)}{\partial t} = D[u(t, x)], \; S(0)\,[u(t, x)] = \Phi(x).$$

Hierbei ist $D = (D_{ij}) \in \mathfrak{D}^{(0,\infty)}$, wobei die Koeffizientenfunktionen der D_{ij} nicht von t abhängen, das heißt etwa aus $S(0)\,[F^{(0,\infty)}]$ sein sollen. Außerdem seien diese Funktionen ebenso wie die Komponenten des Vektors $\Phi(x)$ in einer Umgebung des Punktes $(0, x^0)$ analytisch. (Im allgemeinen wird D die Gestalt $D = \sum_{|\alpha| < \infty} A_\alpha(x)\, D^\alpha$ besitzen.)
Nach dem Satz von CAUCHY–KOWALEWSKI gibt es eine Umgebung des Punktes $(0, x^0)$, in der eine analytische Lösung $u(t, x)$ existiert. Wir können annehmen, daß diese Umgebung sich beschreiben läßt durch

$$|t| < \varrho', \; |x_i - x_i^0| < \varrho'.$$

Wir wählen eine positive Zahl $\varrho < \varrho'$ so aus, daß in

$$\mathfrak{G} = \left\{ (t, x) \,\middle|\, \begin{array}{l} |t| \leqq \varrho \\ |x_i - x_i^0| \leqq \varrho \end{array} \right\}$$

die Reihenentwicklungen der Komponenten von $u(t, x)$ und $\Phi(x)$ sowie der Koeffizienten $f_\alpha^{ij}(x)$ der D_{ij} um den Punkt $(0, x^0)$ absolut konvergieren.

Für die i-te Komponente des Lösungsvektors $u(t, x)$ ergibt sich somit für $(t, x) \in \mathfrak{G}$

$$u_i(t, x) = u_i(t, x_1^0 + h_1, \ldots, x_n^0 + h_n) =$$
$$= \sum_{\alpha_0 \ldots, \alpha_n} \frac{1}{\alpha_0! \ldots \alpha_n!} t^{\alpha_0} h_1^{\alpha_1} \ldots h_n^{\alpha_n} D_t^{\alpha_0} D^\alpha [u_i(0, x^0)].$$

Ist $h_1, \ldots, h_n$ beliebig fest gewählt, so daß $|h_i| \leqq \varrho$, so entsteht eine für $|t| \leqq \varrho$ absolut konvergente Reihe in Potenzen von t, welche sich nach geeigneter Umordnung schreiben läßt

$$\text{(20)} \qquad u_i(t, x) = \sum_{\alpha_0 = 0}^{\infty} \frac{t^{\alpha_0}}{\alpha_0!} C_{\alpha_0}$$

$\left(\text{Dabei ist } C_{\alpha_0} = \sum_{\alpha_1, \ldots, \alpha_n} \frac{1}{\alpha!} h_1^{\alpha_1} \ldots h_n^{\alpha_n} D_t^{\alpha_0} D^\alpha [u_i(0, x^0)] = \frac{\partial^{\alpha_0}}{\partial t^{\alpha_0}} u_i(0, x).\right)$

Da $u(t, x)$ das vorgelegte Cauchy-Problem löst, gilt

$$u(t, x) = \Phi(x) + \int_0^t D[u]\, d\tau = \Phi(x) + \int_0^t D[\Phi + \int_0^\tau D[u]\, d\eta]\, d\tau = \ldots$$
$$= \Phi(x) + \int_0^t D[\Phi]\, d\tau + \int_0^t \int_0^\tau D[u]\, d\eta\, d\tau =$$
$$= \Phi(x) + D_1[\Phi] + \int_0^t \int_0^\tau D[u]\, d\eta\, d\tau.$$

Dabei ist $D_1 = \int_0^t D\, d\tau$.

Dieser Prozeß läßt sich beliebig fortsetzen, so daß man schließlich schreiben kann

$$\text{(21)} \qquad u(t, x) = \Phi(x) + D_1[\Phi] + D_2[\Phi] + \cdots + D_n[\Phi] + \mathfrak{r}_n(t, x)$$
$$\mathfrak{r}_n(t, x) = \int_0^t D[\int_0^{t_1} D[\int_0^{t_2} \ldots [D \int_0^{t_n} D[u]\, dt_{n+1}]\, dt_n \ldots]\, dt_1$$
$$D_\nu = \int_0^t D D_{\nu-1} d\tau, \; D_0 = E.$$

Nun ist D unabhängig von t (das heißt die Koeffizienten der D_{ij} hängen nicht von t ab), deshalb gilt für jedes $v \in V_{F(0,\infty)}$

$$D[\int_0^t v(\tau, x)\, d\tau] = \int_0^t D[v]\, d\tau.$$

Hierfür genügt es zu zeigen, daß

$$D_{ij}[\int_0^t v_j(\tau, x)\, d\tau] = \int_0^t D_{ij}[v_j]\, d\tau.$$

Da $D^\alpha[v_j]$ stetig ist für beliebiges $\alpha = (\alpha_1, \ldots, \alpha_n)$, $\alpha_i \geqq 0$ ganzzahlig, so folgt zunächst

$$D^\alpha[\int_0^t v_j d\tau] = \int_0^t D^\alpha[v_j]\, d\tau,$$

weiter erhält man mit $f_\alpha^{ij} = f_\alpha^{ij}(x)$

$$f_\alpha^{ij}(x) \int_0^t D^\alpha[v_j]\, d\tau = \int_0^t f_\alpha^{ij}(x)\, D^\alpha[v_j]\, d\tau.$$

Daraus folgt schließlich

$$\sum_{|\alpha|<\infty} f_\alpha^{ij}(x)\, D^\alpha[\int_0^t v_j d\tau] = \int_0^t \sum_{|\alpha|<\infty} f_\alpha^{ij}(x)\, D^\alpha[v_j]\, d\tau.$$

Somit ist

$$\mathfrak{r}_n = \int_0^t \int_0^{t_1} \ldots \int_0^{t_n} D^{n+1}[u]\, dt_{n+1} \ldots dt_1.$$

Da wegen der Unabhängigkeit des Operators D von t ebenso gilt

$$\frac{\partial}{\partial t} D = D \frac{\partial}{\partial t},$$

so ist

$$D^{n+1}[u] = \frac{\partial^{n+1} u(t, x)}{\partial t^{n+1}}.$$

Wir erhalten also

$$\mathfrak{r}_n = \int_0^t \int_0^{t_1} \ldots \int_0^{t_n} \frac{\partial^{n+1} u}{\partial t^{n+1}}\, dt_{n+1} \ldots dt_1.$$

Wegen (20) gilt aber

$$\frac{\partial^{n+1} u_i}{\partial t^{n+1}} = \sum_{\alpha_0=0}^{\infty} \frac{t^{\alpha_0}}{\alpha_0!} C_{\alpha_0+n+1}.$$

Integriert man diese Reihe nacheinander $n+1$-mal, so entsteht

$$r_{i_n} = \sum_{\alpha_0=n+1}^{\infty} \frac{t^{\alpha_0}}{\alpha_0!} C_{\alpha_0}.$$

Dies ist aber der Rest, welcher nach Abbrechen hinter dem n-ten Gliede in der Reihendarstellung (20) der Lösung $u_i(t, x)$ entsteht, wegen der Konvergenz dieser Reihe folgt $\lim_{n\to\infty} r_{i_n} = 0$.

Somit konvergiert die Reihe $\sum_{\nu=0}^{n} D_\nu[\Phi]$ für $(t, x) \in \mathfrak{G}$ gegen die nach dem Satz von Cauchy–Kowalewski eindeutig bestimmte analytische Lösung.

Sei $D = \sum_{k=1}^{n} A_k(x) \frac{\partial}{\partial x_k} + B(x)$.

Wir schreiben die Lösung

$$u(t, x) = e_L^{\int_0^t D d\tau} [\Phi]$$

in der Form

$$u(t, x) = \sum_{\nu=0}^{m} D_\nu[\Phi] + \mathfrak{r}_m(t, x).$$

Dabei ist der Anteil

$$\sum_{\nu=0}^{m} D_\nu[\Phi] = \sum_{\nu=0}^{m} \frac{t^\nu}{\nu!} D^\nu[\Phi]$$

gleich dem Anfang der Potenzreihenentwicklung bezüglich t der analytischen Lösung $u(t, x)$. Eine Abschätzung des Restgliedes $\mathfrak{r}_m(t, x)$ ist grundsätzlich mittels der Methode der Cauchyschen Majoranten möglich.

Dazu betrachten wir den Vektor $v = u - \Phi$, welcher dem Anfangswertproblem

$$\frac{\partial v}{\partial t} = \sum_{k=1}^{n} A_k(x) \frac{\partial v}{\partial x_k} + B(x) v + c(x), \quad v(0, x) = 0$$

genügt.

Dabei ist

$$c(x) = \sum_{k=1}^{n} A_k(x) \frac{\partial \Phi}{\partial x_k} + B(x) \Phi.$$

Wir können ohne Beschränkung der Allgemeinheit annehmen, daß die Elemente der Matrizen $A_k(x)$ und $B(x)$ sowie der Vektoren $\Phi(x)$ und $c(x)$ und somit auch $v(t, x)$ in einer Umgebung des Punktes $t = 0$, $x_i = 0$, $i = 1\,(1)\,n$, analytisch sind. Ist eine Funktion $f(t, x_1, \ldots, x_n)$ in einer Umgebung des Nullpunktes analytisch, so existiert stets eine Funktion, welche $f(t, x_1, \ldots, x_n)$ majorisiert.
(Das heißt, die Potenzreihenentwicklung der majorisierenden Funktion besitzt nichtnegative Koeffizienten, welche nicht kleiner sind als die Beträge der entsprechenden Koeffizienten in der Potenzreihenentwicklung von $f(t, x)$.)
Ist die Reihenentwicklung von $f(t, x)$ um den Nullpunkt etwa gegeben durch

$$f(t, x) = \sum C_{k_0 k_1 \ldots, k_n} t^{k_0} x_1^{k_1} \ldots x_n^{k_n}$$

und konvergiert diese Potenzreihe im Punkte

$$t = a_0,\ x_i = a_i,\ |a_0| > 0,\ |a_i| > 0,$$

so existiert sicher eine Zahl M, so daß

$$|C_{k_0 k_1 \ldots k_n} a_0^{k_0} a_1^{k_1} \ldots a_n^{k_n}| \leqq M \wedge k_0, k_1, \ldots, k_n.$$

Ist $a = \min(|a_0|, |a_1|, \ldots, |a_n|)$, so ist zum Beispiel die Funktion

$$\text{(22)} \qquad \frac{M}{1 - \dfrac{(t/\alpha) + x_1 + \cdots + x_n}{a}} = M \sum_{k=0}^{\infty} \frac{((t/\alpha) + x_1 + \cdots + x_n)^k}{a^k}$$

mit $0 < \alpha < 1$ für $|t/\alpha + x_1 + \cdots + x_n| < a$ eine Majorante.

Nun sei etwa

$$\frac{M}{1 - \dfrac{(t/\alpha) + x_1 + \cdots + x_n}{a}}$$

mit geeignet gewählten Zahlen M und a eine Majorante für sämtliche Elemente der Matrizen $A_k(x)$ und $B(x)$. Die Elemente des Vektors $c(x)$ mögen majorisiert sein durch

$$\frac{M_1}{1 - \dfrac{(t/\alpha) + x_1 + \cdots + x_n}{a}}.$$

Dann ist mit

$$m' = \frac{M_1}{M}, \; z = (t/\alpha) + x_1 + \cdots + x_n,$$

$$A(z) = \frac{M}{1 - z/a}$$

$$B(z) = \frac{m' A(z)}{\frac{1}{\alpha} - Nn A(z)}$$

der Vektor

$$V(z) = \frac{e^{\frac{N}{m'}\int_0^z B(\xi)\,d\xi} - 1}{N} m' \mathfrak{n}, \quad \mathfrak{n} = \begin{pmatrix} 1 \\ \vdots \\ 1 \end{pmatrix}$$

majorant zum Vektor $v(t, x)$.

(Wird α so klein gewählt, daß $\frac{1}{\alpha} - Nn|A(z)| > 0$ in einer Umgebung des Punktes $z = 0$, so ist $B(z)$ in dieser Umgebung analytisch*.)

Da $u(t, x) = v(t, x) + \Phi(x)$, so ist $U(z) = V(z) + \varphi$ majorant zu $u(t, x)$, wenn φ majorant zu $\Phi(x)$ ist.

Entwickelt man $U(z)$ in eine Potenzreihe nach t, so gilt

$$|\mathfrak{r}_m(t, x)| = \begin{pmatrix} |r_{1_m}(t, x)| \\ \vdots \\ |r_{N_m}(t, x)| \end{pmatrix} \leqq \bar{\mathfrak{r}}_m(|t|, |x_1|, \ldots, |x_n|).$$

Dabei ist $\bar{\mathfrak{r}}_m$ der entsprechende Restterm der Potenzreihenentwicklung von $U(z)$ nach t, welcher sich nach den bekannten Restgliedformeln für Taylor-Entwicklungen abschätzen läßt.

IV. Lineare Systeme erster Ordnung

Zunächst untersuchen wir folgendes Anfangswertproblem erster Ordnung in zwei unabhängigen Variablen:

$$\text{(23)} \qquad \frac{\partial u(t, x)}{\partial t} = A(t) \frac{\partial u(t, x)}{\partial x} + B(t)\, u(t, x) + c(t)$$

$$u(0, x) = \Phi(x).$$

Die N-reihigen quadratischen Matrizen $A(t)$ und $B(t)$ sowie der Vektor $c(t)$ sollen nur von der Variablen t abhängen und für $t \in [\alpha, \beta]$ stetige Elemente besitzen. Die Komponenten des Vektors $\Phi(x)$ seien in einer Umgebung des Punktes x^0 analytisch.

* Siehe [2], S. 21–25.

Wir wollen zeigen, daß eine Lösung dieses Problems sich in der Form schreiben läßt:

$$u(t, x) = e_L^{\int_0^t B(\tau)\,d\tau} \left\{ e_L^{\int_0^t C(\tau)\,d\tau \frac{\partial}{\partial x}} [\Phi] + \int_0^\tau e_R^{-\int_0^\tau B(\eta)\,d\eta} c(\tau)\,d\tau \right\} \tag{24}$$

mit

$$C(t) = e_R^{-\int_0^t B(\tau)\,d\tau} A(t)\, e_L^{\int_0^t B(\tau)\,d\tau}.$$

Da $B(t)$ in $[\alpha, \beta]$ stetig ist, so existieren die in diesem Intervall stetig differenzierbaren Matrizen

$$e_L^{\int_0^t B(\tau)\,d\tau} \quad \text{und} \quad e_R^{-\int_0^t B(\tau)\,d\tau},$$

so daß die Matrix $C(t)$ wegen der Stetigkeit von $A(t)$ ebenfalls eine in $[\alpha, \beta]$ stetige Matrix ist.

Wir weisen zunächst nach, daß für den Operator $C(t)\,\frac{\partial}{\partial x}$ der verallgemeinerte Matrizant

$$e_L^{\int_0^t C(\tau)\,d\tau \frac{\partial}{\partial x}}$$

auf V_Φ existiert*.

Es ist

$$e_L^{\int_0^t C(\tau)\,d\tau \frac{\partial}{\partial x}} [\Phi] = \Phi(x) + \int_0^t C(\tau)\,d\tau\, \Phi'(x) + \int_0^t C(\tau)\, C_1(\tau)\,d\tau\, \Phi''(x) + \cdots$$

$$= \sum_{\nu=0}^{\infty} C_\nu(t)\, \Phi^{(\nu)}(x)$$

mit

$$\Phi^{(\nu)}(x) = \frac{\partial^\nu \Phi(x)}{\partial x^\nu} \quad \text{und} \quad C_\nu(t) = \int_0^t C(\tau) C_{\nu-1}(\tau)\,d\tau.$$

Sei $|C(t)| = (|C_{ij}(t)|)$, ferner setzen wir

$$\|C(t)\| = \max_{\substack{t \in [\alpha, \beta] \\ i,j = 1\,(1)\,N}} |C_{ij}(t)|.$$

Dann folgt mit $\mathfrak{E} = \begin{pmatrix} 1 & \dots & 1 \\ \vdots & & \vdots \\ 1 & \dots & 1 \end{pmatrix}$

$$|C_1| \leqq |t| \cdot \|C\|\, \mathfrak{E}$$

$$|C_2| \leqq \left| \int_0^t |C C_1|\,d\tau \right| \leqq \left| \int_0^t |C| \cdot |C_1|\,d\tau \right| \leqq \left| \int_0^t \|C\|^2\, \mathfrak{E}^2 |\tau|\,d\tau \right| = \frac{|t|^2}{2!} \|C\|^2\, N\, \mathfrak{E}$$

und allgemein für $\nu \geqq 1$

$$|C_\nu| \leqq \frac{|t|^\nu}{\nu!} \|C\|^\nu N^{\nu-1}\, \mathfrak{E}.$$

* Das heißt, die Voraussetzungen von Satz 2 sind nachzuweisen.

Daraus folgt für $\nu \geqq 1$

$$|C_\nu(t)|\,|\Phi^{(\nu)}| \leqq \frac{1}{N}\sum_{\varrho=1}^{N} |\Phi_\varrho^{(\nu)}|\,\frac{|t\|C\|N|^\nu}{\nu!}\,\mathfrak{n},\quad \mathfrak{n}=\begin{pmatrix}1\\ \vdots\\ 1\end{pmatrix}. \tag{25}$$

Nun sind die Funktionen $\Phi_\varrho(x)$ sämtlich in einer Umgebung $|x - x^0| < \sigma'$ von $(0, x^0)$ analytisch, die Taylor-Entwicklung von $\Phi_\varrho(x)$ um den Punkt $(0, x^0)$ konvergiert daher absolut in allen Punkten $(0, x^0 + h)$ mit $|h| \leqq \sigma < \sigma'$. Fordert man überdies $|x - x^0| \leqq \bar\sigma$ für $\bar\sigma < \sigma$, so läßt sich $\Phi_\varrho(x)$ um jedes x mit $|x - x^0| \leqq \bar\sigma$ entwickeln, und diese Taylor-Reihen konvergieren noch absolut für alle $x + h$ mit $|h| \leqq \sigma - |x - x^0|$, insbesondere konvergieren diese Reihen erst recht für $|h| \leqq \sigma - \bar\sigma$. Wir legen daher das folgende Gebiet $\mathfrak{G}$ zugrunde:

$$\mathfrak{G} = \left\{(t, x)\;\middle|\; \begin{array}{l} |t| \leqq \dfrac{\sigma - \bar\sigma}{\|C\|\,N} \\ |x - x^0| \leqq \bar\sigma \end{array}\right\}$$

(Wir setzen jetzt der Einfachheit wegen voraus, daß für $|t| \leqq \dfrac{\sigma - \bar\sigma}{\|C\|\,N}$ die Matrizen $A(t)$, $B(t)$ und der Vektor $c(t)$ stetig sind.)

In $\mathfrak{G}$ konvergiert für jedes ϱ die Reihe

$$\frac{1}{N}\sum_{\nu=1}^{\infty} |\Phi_\varrho^{(\nu)}|\,\frac{|t\|C\|\,N|^\nu}{\nu!}\,\mathfrak{n},$$

also konvergiert auch die Reihe

$$\frac{1}{N}\sum_{\nu=1}^{\infty}\sum_{\varrho=1}^{N} |\Phi_\varrho^{(\nu)}|\,\frac{|t\|C\|\,N|^\nu}{\nu!}\,\mathfrak{n}$$

und wegen (25) konvergiert daher die Reihe $\sum\limits_{\nu=0}^{\infty} C_\nu(t)\,\Phi^{(\nu)}(x)$ absolut in $\mathfrak{G}$. (Unter Konvergenz ist stets die Konvergenz der aus entsprechenden Komponenten gebildeten Reihen zu verstehen.)

Wird diese Reihe gliedweise nach x differenziert, so konvergiert die dadurch entstehende Reihe $\sum\limits_{\nu=0}^{\infty} C_\nu(t)\,\Phi^{(\nu+1)}(x)$ ebenfalls absolut in $\mathfrak{G}$, da in diesem Gebiet auch die Reihe

$$\frac{1}{N}\sum_{\nu=1}^{\infty}\sum_{\varrho=1}^{N} |\Phi_\varrho^{(\nu+1)}|\,\frac{|t\|C\|\,N|^\nu}{\nu!}\,\mathfrak{n}$$

konvergiert, welche die Reihe

$$\sum_{\nu=1}^{\infty}\frac{\partial}{\partial x}C_\nu(t)\,\Phi^{(\nu)}(x) = \sum_{\nu=1}^{\infty} C_\nu(t)\,\Phi^{(\nu+1)}(x)$$

majorisiert.

Deshalb gilt

$$\sum_{\nu=0}^{\infty}\frac{\partial}{\partial x}C_\nu(t)\,\Phi^{(\nu)}(x) = \frac{\partial}{\partial x}\sum_{\nu=0}^{\infty} C_\nu(t)\,\Phi^{(\nu)}(x).$$

Schließlich konvergiert in $\mathfrak{G}$ auch die Reihe

$$\sum_{\nu=0}^{\infty} C(t)\, C_\nu(t)\, \Phi^{(\nu+1)}(x) = \sum_{\nu=0}^{\infty} C(t) \frac{\partial}{\partial x} C_\nu(t)\, \Phi^{(\nu)}(x)$$

absolut, so daß wir nunmehr erhalten

$$\sum_{\nu=0}^{\infty} C(t) \frac{\partial}{\partial x} C_\nu(t)\, \Phi^{(\nu)}(x) = \sum_{\nu=0}^{\infty} \frac{\partial}{\partial t} C_\nu(t)\, \Phi^{(\nu)}(x) = \frac{\partial}{\partial t} \sum_{\nu=0}^{\infty} C_\nu(t)\, \Phi^{(\nu)}(x)$$

$$= C(t) \frac{\partial}{\partial x} \sum_{\nu=0}^{\infty} C_\nu(t)\, \Phi^{(\nu)}(x).$$

Aus (24) folgt jetzt

$$\frac{\partial u(t,x)}{\partial t} = B(t)\, u(t,x) + e_L^{\int_0^t B(\tau)\, d\tau}\, C(t) \frac{\partial}{\partial x}\, e_L^{\int_0^t C(\tau)\, d\tau \frac{\partial}{\partial x}} [\Phi] + e_L^{\int_0^t B(\tau)\, d\tau}\, e_R^{-\int_0^t B(\tau)\, d\tau}\, c(t) =$$

$$= B(t)\, u(t,x) + e_L^{\int_0^t B(\tau)\, d\tau}\, e_R^{-\int_0^t B(\tau)\, d\tau}\, A(t)\, e_L^{\int_0^t B(\tau)\, d\tau} \frac{\partial}{\partial x}\, e_L^{\int_0^t C(\tau)\, d\tau \frac{\partial}{\partial x}} [\Phi] + c(t) =$$

$$= B(t)\, u(t,x) + A(t) \frac{\partial u(t,x)}{\partial x} + c(t).$$

Da für $t = 0$ die Matrix $e_L^{\int_0^t B(\tau)\, d\tau}$ gleich der Einheitsmatrix E ist, und der Operator

$$e_L^{\int_0^t C(\tau)\, d\tau \frac{\partial}{\partial x}}$$

auf V_Φ an der Stelle $t = 0$ den Wert E besitzt, so folgt, daß der durch (24) dargestellte Vektor $u(t, x)$ auch die geforderte Anfangsbedingung erfüllt.

Schreibt man den Ausdruck

$$e_L^{\int_0^t C(\tau)\, d\tau \frac{\partial}{\partial x}} [\Phi] = v(t,x)$$

in der Form

$$v(t,x) = v_m(t,x) + r_m(t,x)$$

mit

$$v_m(t,x) = \sum_{\nu=0}^{m} C_\nu(t)\, \Phi^{(\nu)}(x), \quad r_m(t,x) = \sum_{\nu=m+1}^{\infty} C_\nu(t)\, \Phi^{(\nu)}(x),$$

so ist

$$u(t,x) = e_L^{\int_0^t B(\tau)\, d\tau} \left\{ v_m(t,x) + \int_0^t e_R^{-\int_0^\tau B(\eta)\, d\eta}\, c(\tau)\, d\tau \right\} + e_L^{\int_0^t B(\tau)\, d\tau}\, r_m(t,x).$$

Aus (25) folgt für $m \geqq 1$

$$\left| e_L^{\int_0^t B(\tau)\, d\tau}\, r_m(t,x) \right| \leqq \frac{\left| e_L^{\int_0^t B(\tau)\, d\tau} \right|}{N} \sum_{\nu=m+1}^{\infty} \frac{|t\, \| C \| N|^\nu}{\nu!} \sum_{\varrho=1}^{N} |\Phi_\varrho^{(\nu)}(x)|\, \mathfrak{n}.$$

Wir wollen annehmen, daß sich für jedes $\varrho = 1\,(1)\,N$ der Rest

$$\sum_{\nu=m+1}^{\infty} \frac{|t\,\|C\|\,N|^{\nu}}{\nu!}\,|\Phi_{\varrho}^{(\nu)}(x)|,$$

welcher aus dem Rest der Taylor-Entwicklung von $\Phi_{\varrho}(x)$ durch Setzen der Betragsstriche entsteht, abschätzen läßt:

$$\sum_{\nu=m+1}^{\infty} \frac{|t\,\|C\|\,N|^{\nu}}{\nu!}\,|\Phi_{\varrho}^{(\nu)}(x)| \leqq \varepsilon_{\varrho\,m}(t, x) \tag{26}$$

mit $\lim\limits_{m\to\infty} \varepsilon_{\varrho m}(t, x) = 0 \wedge (t, x) \in \mathfrak{G}$.

(Dies wird in vielen praktisch auftretenden Fällen möglich sein.)

Es ergibt sich dann

$$\left| e_L^{\int_0^t B(\tau)\,d\tau}\, r_m(t, x) \right| \leqq \frac{\left| e_L^{\int_0^t B(\tau)\,d\tau} \right|}{N} \sum_{\varrho=1}^{N} \varepsilon_{\varrho m}(t, x)\,\mathfrak{n}.$$

Insgesamt erhalten wir also

$$u(t, x) = u_m(t, x) + r'_m(t, x)$$

mit

$$u_m(t, x) = e_L^{\int_0^t B(\tau)\,d\tau} \left\{ \sum_{\nu=0}^{m} C_{\nu}(t)\,\Phi^{(\nu)}(x) + \int_0^t e_R^{-\int_0^{\tau} B(\eta)\,d\eta}\, c(\tau)\,d\tau \right\} \tag{27}$$

$$|r'_m(t, x)| \leqq \frac{\left| e_L^{\int_0^t B(\tau)\,d\tau} \right|}{N} \sum_{\varrho=1}^{N} \varepsilon_{\varrho m}(t, x)\,\mathfrak{n}. \tag{28}$$

$$\lim_{m\to\infty} \varepsilon_{\varrho m}(t, x) = 0.$$

Die durch Formel (24) gegebene Darstellung der Lösung des Cauchy-Problems (23) in zwei unabhängigen Variablen t und x läßt sich nun ohne Schwierigkeit auf Systeme in mehreren unabhängigen Variablen $t, x_1, \ldots, x_n$ verallgemeinern.

Sei also das System

$$\frac{\partial u(t, x)}{\partial t} = \sum_{k=1}^{n} A_k(t)\,\frac{\partial u(t, x)}{\partial x_k} + B(t)\,u(t, x) + c(t) \tag{29}$$

gegeben.

Die Matrizen $A_k(t)$, $B(t)$ und der Vektor $c(t)$ mögen wieder in $[\alpha, \beta]$, $0 \in [\alpha, \beta]$, stetig sein. $\Phi(x)$ sei in einer Umgebung des Punktes $(0, x^0)$ analytisch. (Etwa für $|x_i - x_i^0| < \sigma_i$.)

Wir schreiben die Lösung in der Form

$$u(t, x) = e_L^{\int_0^t B(\tau)\,d\tau} \left\{ e_L^{\int_0^t T\,d\tau}\,[\Phi] + \int_0^t e_R^{-\int_0^{\tau} B(\eta)\,d\eta}\, c(\tau)\,d\tau \right\} \tag{30}$$

mit

$$T = \sum_{k=1}^{n} C_k(t)\, D_k,\quad D_k = \frac{\partial}{\partial x_k}$$

und

$$C_k = e_R^{-\int_0^t B(\tau)\,d\tau} A_k(t)\, e_L^{\int_0^t B(\tau)\,d\tau}.$$

Es ist

$$T_1 = \int_0^t T\,d\tau = \sum_{k=1}^{n} \int_0^t C_k(\tau)\,d\tau\, D_k$$

$$T T_1 = \sum_{i=1}^{n} \sum_{k=1}^{n} C_i(t) \int_0^t C_k(\tau)\,d\tau\, D_i D_k$$

$$T_2 = \sum_{i=1}^{n} \sum_{k=1}^{n} \int_0^t C_i \int_0^{t_1} C_k\, dt_2\, dt_1\, D_i D_k$$

und allgemein

$$(31)\quad T_\nu = \sum_{i_\nu=1}^{n} \sum_{i_{\nu-1}=1}^{n} \cdots \sum_{i_1=1}^{n} \int_0^t C_{i_\nu} \int_0^{t_1} C_{i_{\nu-1}} \cdots \int_0^{t_{\nu-1}} C_{i_1}\, dt_\nu \ldots dt_1\, D_{i_\nu} \ldots D_{i_1}.$$

Für den Ausdruck

$$e_L^{\int_0^t T\,d\tau}[\Phi] = \sum_{\nu=0}^{\infty} T_\nu[\Phi],\quad T_0 = E,\quad T_\nu = \int_0^t T\, T_{\nu-1}\, d\tau$$

können wir auch schreiben

$$e_L^{\int_0^t T\,d\tau}[\Phi] = \sum_{\alpha} C_\alpha(t)\, D^\alpha[\Phi],\quad D^\alpha = D_1^{\alpha_1} \ldots D_n^{\alpha_n},\quad \alpha = (\alpha_1, \ldots \alpha_n),\quad \alpha_i \geqq 0 \text{ ganzzahlig.}$$

Ist $|\alpha| = \nu = \alpha_1 + \alpha_2 + \cdots + \alpha_n$, so besteht $C_\alpha(t)\, D^\alpha$ aus $\dfrac{\nu!}{\alpha_1! \ldots \alpha_n!}$ Summanden der Form

$$\int_0^t C_{i_\nu} \int_0^{t_1} C_{i_{\nu-1}} \cdots \int_0^{t_{\nu-1}} C_{i_1}\, dt_\nu \ldots dt_1\, D_{i_\nu} \ldots D_{i_1}.$$

Nun ist sicher

$$\left| e_L^{\int_0^t T\,d\tau}[\Phi] \right| \leqq \sum_{\alpha} |C_\alpha| \cdot |D^\alpha[\Phi]|.$$

Ist $\|C\| = \max\limits_k \|C_k\|$, so folgt für $\nu \geqq 1$

$$\left| \int_0^t C_{i_\nu} \int_0^{t_1} C_{i_{\nu-1}} \cdots \int_0^{t_{\nu-1}} dt_\nu \ldots dt_1 \right| \leqq \left| \int_0^t |C_{i_\nu}| \right| \left| \int_0^{t_1} |C_{i_{\nu-1}}| \ldots \right| \int_0^{t_{\nu-1}} |C_{i_1}|\, dt_\nu| \ldots dt_1|$$

$$\leqq \frac{\|C\|^\nu}{\nu!} |t|^\nu N^{\nu-1} \mathfrak{E}.$$

Für $|\alpha| = \nu \geqq 1$ gilt also

$$|C_\alpha| \leqq \frac{\nu!}{\alpha_1! \ldots \alpha_n!} \frac{1}{\nu!} |t|^\nu \cdot \|C\|^\nu N^{\nu-1} \mathfrak{E} = \frac{1}{N} \frac{1}{\alpha_1! \ldots \alpha_n!} |t\, \|C\|\, N|^\nu \mathfrak{E}$$

bzw.

$$|C_\alpha| \leqq \frac{1}{N} \frac{1}{\alpha!} |t\, \|C\|\, N|^{|\alpha|} \mathfrak{E}$$

Bezeichnen wir $t \|C\| N$ mit $\bar{t}$, so erhalten wir für $|\alpha| \geqq 1$

$$(32) \qquad |C_\alpha D^\alpha[\Phi]| \leqq |C_\alpha| \cdot |D^\alpha[\Phi]| \leqq \frac{1}{N} \frac{1}{\alpha!} |\bar{t}|^{|\alpha|} \sum_{\varrho=1}^{N} |D^\alpha[\Phi_\varrho]| \, n.$$

Sei $\bar{\sigma} < \sigma < \sigma_i \wedge i = 1\,(1)\,n$.

Ist $|x_i - x_i^0| \leqq \bar{\sigma}$, so können wir die Funktionen $\Phi_\varrho(x)$ auch um jeden derartigen Punkt $(x_1, \ldots, x_n)$ entwickeln und erhalten Reihen, die mindestens noch in allen Punkten $(x_1 + h_1, \ldots, x_n + h_n)$ mit $|h_i| \leqq \sigma - |x_i - x_i^0|$, insbesondere also auch mit $|h_i| \leqq \sigma - \bar{\sigma}$ absolut konvergieren.

Geht man also von dem Gebiet $\mathfrak{G}$ aus

$$\mathfrak{G} = \left\{ (t, x) \,\middle|\, \begin{array}{l} |\bar{t}| = |t \|C\| N| \leqq \sigma - \bar{\sigma} \\ |x_i - x_i^0| \leqq \bar{\sigma} \end{array} \right\},$$

so konvergiert für jedes ϱ die Reihe $\sum\limits_\alpha \frac{1}{\alpha!} |\bar{t}|^{|\alpha|} \cdot |D^\alpha[\Phi_\varrho]|$ und damit auch die Reihe

$\sum\limits_\alpha \frac{1}{\alpha!} |\bar{t}|^{|\alpha|} \sum\limits_\varrho |D^\alpha[\Phi_\varrho]|$.

(Die Reihe $\sum\limits_\alpha \frac{1}{\alpha!} \bar{t}^{|\alpha|} D^\alpha[\Phi_\varrho]$ ist die Taylor-Entwicklung von $\Phi_\varrho(x)$ um den Punkt $(x_1, \ldots, x_n)$, $|x_i - x_i^0| \leqq \bar{\sigma}$, welche noch in den Punkten $(x_1 + \bar{t}, \ldots, x_n + \bar{t})$ absolut konvergiert.)

Wegen (32) folgt somit die absolute Konvergenz der Reihe $\sum\limits_\alpha C_\alpha D^\alpha[\Phi]$ in $\mathfrak{G}$.

Da nach den gleichen Überlegungen auch die gliedweise nach x_k differenzierten Reihen, $\sum\limits_\alpha C_\alpha D_k D^\alpha[\Phi]$, absolut in $\mathfrak{G}$ konvergieren und ebenso die Reihen

$$\sum_\alpha C_k C_\alpha D_k D^\alpha[\Phi] = C_k D_k \sum_\alpha C_\alpha D^\alpha[\Phi],$$

so erhält man schließlich

$$T e_L^{\int_0^t T d\tau} [\Phi] = \sum_\alpha T C_\alpha D^\alpha[\Phi] = \frac{\partial}{\partial t} e_L^{\int_0^t T d\tau} [\Phi].$$

Für $u(t, x)$ erhält man wie im Fall zweier Variablen

$$\frac{\partial u(t, x)}{\partial t} = B(t)\, u(t, x) + e_L^{\int_0^t B(\tau)\, d\tau} \sum_{k=1}^{n} C_k \frac{\partial e_L^{\int_0^t T d\tau} [\Phi]}{\partial x_k} + e_L^{\int_0^t B(\tau)\, d\tau} e_R^{-\int_0^t B(\tau)\, d\tau} c(t)$$

$$= B(t)\, u(t, x) + e_L^{\int_0^t B(\tau)\, d\tau} e_R^{-\int_0^t B(\tau)\, d\tau} \sum_{k=1}^{n} A_k(t) \frac{\partial}{\partial x_k} \left(e_L^{\int_0^t B(\tau)\, d\tau} \cdot e_L^{\int_0^t T d\tau} [\Phi] \right) +$$

$$+ c(t) = B(t)\, u(t, x) + \sum_{k=1}^{n} A_k(t) \frac{\partial u(t, x)}{\partial x_k} + c(t).$$

Eine Restabschätzung der Reihe

$$e_L^{\int_0^t T d\tau} [\Phi]$$

ist mittels Formel (32) und entsprechenden Überlegungen wie im Falle zweier unabhängiger Variablen möglich.

Bemerkung: Ist nur das homogene System

$$\frac{\partial u(t,x)}{\partial t} = \sum_{k=1}^{n} A_k(t) \frac{\partial u(t,x)}{\partial x_k} + B(t)\, u(t,x)$$

gegeben, so vereinfacht sich die Lösungsdarstellung zu

$$u(t,x) = e_L^{\int_0^t T d\tau} [\Phi] \tag{33}$$

$$T = \sum_{k=1}^{n} A_k(t)\, D_k + B(t).$$

Die Anwendung der Lösungsformeln (24), (30) und (33) gestaltet sich besonders einfach, wenn die gegebenen Anfangsbedingungen Polynome sind. (Dies ist ja in der Praxis ein besonders wichtiger Fall.)

Wir betrachten folgendes Beispiel:

$$\frac{\partial^2 u_0(t,x)}{\partial t^2} = \frac{\partial^2 u_0(t,x)}{\partial x_1^2} + \frac{\partial^2 u_0(t,x)}{\partial x_2^2}$$

$$u_0(0, x_1, x_2) = \Phi_0(x_1, x_2) = x_1 + x_2$$

$$\frac{\partial u_0}{\partial t}(0, x_1, x_2) = \Phi_1(x_1, x_2) = x_1^2.$$

Mit

$$\frac{\partial u_0}{\partial t} = u_1, \frac{\partial u_0}{\partial x_1} = u_2, \frac{\partial u_0}{\partial x_2} = u_3$$

und

$$u_{0_t} = u_1$$

$$u_{1_t} = u_{2_{x_2}} + u_{3_{x_2}}, \quad u_2(0, x_1, x_2) = \frac{\partial \Phi_0}{\partial x_1}(x_1, x_2) = 1$$

$$u_{2_t} = u_{1_{x_1}} \qquad u_3(0, x_1, x_2) = \frac{\partial \Phi_0}{\partial x_2}(x_1, x_2) = 0$$

$$u_{3_t} = u_{1_{x_1}}$$

erhält man das folgende System

$$\frac{\partial u(t,x)}{\partial t} = \begin{pmatrix} u_0 \\ u_1 \\ u_2 \\ u_3 \end{pmatrix}_t = \underbrace{\begin{pmatrix} 0&0&0&0 \\ 0&0&1&0 \\ 0&1&0&0 \\ 0&0&0&0 \end{pmatrix}}_{A_1} \begin{pmatrix} u_0 \\ u_1 \\ u_2 \\ u_3 \end{pmatrix}_{x_1} + \underbrace{\begin{pmatrix} 0&0&0&0 \\ 0&0&0&1 \\ 0&0&0&0 \\ 0&1&0&0 \end{pmatrix}}_{A_2} \begin{pmatrix} u_0 \\ u_1 \\ u_2 \\ u_3 \end{pmatrix}_{x_2} +$$

$$+ \underbrace{\begin{pmatrix} 0&1&0&0 \\ 0&0&0&0 \\ 0&0&0&0 \\ 0&0&0&0 \end{pmatrix}}_{B} \begin{pmatrix} u_0 \\ u_1 \\ u_2 \\ u_3 \end{pmatrix}, \quad \Phi(x) = \begin{pmatrix} x_1 + x_2 \\ x_1^2 \\ 1 \\ 0 \end{pmatrix}$$

Formel (33) liefert mit $T = A_1 \dfrac{\partial}{\partial x_1} + A_2 \dfrac{\partial}{\partial x_2} + B$ unmittelbar die Lösung

$$u(t, x) = e_L^{\int_0^t T d\tau}[\Phi] = \Phi(x) + t \left\{ A_1 \begin{pmatrix} 1 \\ 2x_1 \\ 0 \\ 0 \end{pmatrix} + A_2 \begin{pmatrix} 1 \\ 0 \\ 0 \\ 0 \end{pmatrix} + B\Phi \right\} +$$

$$+ \frac{t^2}{2} \begin{pmatrix} 0 \\ 2 \\ 0 \\ 0 \end{pmatrix} + \frac{t^3}{3!} \begin{pmatrix} 2 \\ 0 \\ 0 \\ 0 \end{pmatrix}$$

bzw.

$$u(t, x) = \begin{pmatrix} x_1 + x_2 + t x_1^2 + 2 \dfrac{t^3}{3!} \\ x_1^2 + t^2 \\ 1 + 2 t x_1 \\ 0 \end{pmatrix}$$

Die erste Komponente dieses Vektors ist die Lösung der vorgelegten Schwingungsgleichung.

V. Numerische Untersuchung der in Kapitel IV. behandelten Systeme

In diesem Kapitel soll näher auf ein Verfahren eingegangen werden, welches mir zur numerischen Untersuchung der im vorangegangenen Kapitel behandelten Systeme als besonders geeignet erscheint. Es handelt sich dabei um das von F. KRÜCKEBERG weiterentwickelte Verfahren der Intervallarithmetik, welches einerseits zur Behandlung gewöhnlicher Differentialgleichungssysteme, andererseits in Kombination mit den Darstellungsformeln (24) bzw. (30) und (33) nunmehr auch zur Untersuchung partieller Anfangswertprobleme mit Erfolg herangezogen werden kann*.
Den folgenden Ausführungen liegt die von F. KRÜCKEBERG eingeführte Bezeichnungsweise zugrunde.
Seien $\lfloor a$ und $a \rfloor$ reelle Zahlen mit $\lfloor a \leqq a \rfloor$. Mit $\lfloor a \rfloor$ bezeichnen wir die Menge

$$\lfloor a \rfloor = \{a \mid \lfloor a \leqq a \leqq a \rfloor\} \underset{\text{def.}}{=} [\lfloor a, a \rfloor].$$

Sind $\lfloor a \rfloor$ und $\lfloor b \rfloor$ gegeben, so kann man ihre Summe und ihr Produkt sowie das Produkt von $\lfloor a \rfloor$ mit einer reellen Zahl c wie folgt definieren:

1. $\lfloor a \rfloor + \lfloor b \rfloor = \{c \mid c = a + b, a \in \lfloor a \rfloor, b \in \lfloor b \rfloor\}$.

   Es ist dann

   $\lfloor a \rfloor + \lfloor b \rfloor = \lfloor c \rfloor$ mit $\lfloor c = \lfloor a + \lfloor b$ und $c \rfloor = a \rfloor + b \rfloor$.

* Siehe [3], [4], [5].

2. $\lfloor a \rfloor \lfloor b \rfloor = \{c \mid c = ab, a \in \lfloor a \rfloor, b \in \lfloor b \rfloor\}$.

Hierbei ist

$$\lfloor a \rfloor \lfloor b \rfloor = \lfloor c \rfloor, \; \lfloor c = \min \{\lfloor a \, \lfloor b, \lfloor a \, b \rfloor, a \rfloor \, \lfloor b, a \rfloor \, b \rfloor\}$$

$$c \rfloor = \max \{\lfloor a \, \lfloor b, \lfloor a \, b \rfloor, a \rfloor \, \lfloor b, a \rfloor \, b \rfloor\}.$$

3. Ist c beliebig reell, so können wir c auch in der Form $c = \lfloor c \rfloor$ schreiben, indem wir setzen $\lfloor c = c = c \rfloor$. Besteht $\lfloor c \rfloor$ nur aus einem Punkt, so schreiben wir $\lfloor \dot{c} \rfloor$. Unter $c \lfloor a \rfloor$ wird also einfach das Produkt $\lfloor \dot{c} \rfloor \lfloor a \rfloor$ verstanden.

Sei A eine Matrix $A = (a_{ik})$, $i, k = 1\,(1)\,N$, unter $\lfloor A \rfloor$ verstehen wir die Matrix $\lfloor A \rfloor = (\lfloor a_{ik} \rfloor)$.

Definiert man $A \leqq B \leftrightarrow a_{ik} \leqq b_{ik} \wedge i, k = 1\,(1)\,N$, so gilt für $A \in \lfloor A \rfloor$, das heißt $a_{ik} \in \lfloor a_{ik} \rfloor$,

$$\lfloor A = (\lfloor a_{ik}) \leqq (a_{ik}) \leqq (a_{ik} \rfloor) = A \rfloor.$$

Wir können nun Addition und Multiplikation von $\lfloor A \rfloor$ und $\lfloor B \rfloor$ definieren durch

1. $\lfloor A \rfloor + \lfloor B \rfloor = (\lfloor a_{ik} \rfloor + \lfloor b_{ik} \rfloor)$

2. $\lfloor A \rfloor \lfloor B \rfloor = \left(\sum_{j=1}^{N} \lfloor a_{ij} \rfloor \lfloor b_{jk} \rfloor \right)$.

Ist $A \in \lfloor A \rfloor$ und $B \in \lfloor B \rfloor$, so gilt stets

$$A + B \in \lfloor A \rfloor + \lfloor B \rfloor \quad \text{und} \quad AB \in \lfloor A \rfloor \lfloor B \rfloor.$$

Sei $[t_1, t_2]$ ein abgeschlossenes und beschränktes Intervall, $t_0, t \in [t_1, t_2]$.
Ist $A(t) = (a_{ik}(t))$, so bedeutet die Schreibweise $A(t) \in \lfloor A \rfloor$, daß für jedes $t \in [t_1, t_2]$ gilt $A(t) \in \lfloor A \rfloor$.

Ist $A(t) \in \lfloor A \rfloor$, so folgt für $t_0, t \in [t_1, t_2]$, $t \geqq t_0$

$$\lfloor A (t - t_0) \leqq \int_{t_0}^{t} A(\tau)\, d\tau \leqq A \rfloor (t - t_0)$$

oder anders geschrieben

$$\int_{t_0}^{t} A(\tau)\, d\tau \in \lfloor A \rfloor (t - t_0)^*.$$

Mit $A_\nu(t) = \int_{t_0}^{t} A(\tau)\, A_{\nu-1}(\tau)\, d\tau$, $A_0 = E$ folgt

$$A_2(t) \in (\lfloor A \rfloor)^2 \frac{(t - t_0)^2}{2!}$$

und allgemein

$$A_\nu(t) \in (\lfloor A \rfloor)^\nu \frac{(t - t_0)^\nu}{\nu!}.$$

* Diese Aussage gilt auch für $t < t_0$.

Für den Matrizanten von $A(t)$ erhalten wir

$$(34)\qquad e_L^{\int_{t_0}^{t} A(\tau)\,d\tau} \in \lfloor E \rfloor + \sum_{\nu=1}^{\infty} (\lfloor A \rfloor)^{\nu} \frac{(t - t_0)^{\nu}}{\nu!}.$$

Sei $\|A\|$ eine der Vektornorm $\|\mathfrak{Y}\|$ zugeordnete Matrixnorm. Wir setzen

$$\|\lfloor A \rfloor\|_{\lfloor\,\rfloor} = \max_{A \in \lfloor A \rfloor} \|A\|.$$

Dann gilt

$$\|\lfloor A \rfloor \lfloor B \rfloor\|_{\lfloor\,\rfloor} \leqq \|\lfloor A \rfloor\|_{\lfloor\,\rfloor}\, \|\lfloor B \rfloor\|_{\lfloor\,\rfloor}$$

$$\|\lfloor A \rfloor + \lfloor B \rfloor\|_{\lfloor\,\rfloor} \leqq \|\lfloor A \rfloor\|_{\lfloor\,\rfloor} + \|\lfloor B \rfloor\|_{\lfloor\,\rfloor}.$$

Aus (34) folgt unmittelbar

$$\left\| e_L^{\int_{t_0}^{t} A(\tau)\,d\tau} \right\| \leqq 1 + \sum_{\nu=1}^{\infty} \|\lfloor A \rfloor\|_{\lfloor\,\rfloor}^{\nu} \frac{|t - t_0|^{\nu}}{\nu!} = e^{\|\lfloor A \rfloor\|_{\lfloor\,\rfloor} |t - t_0|}$$

bzw. für die Lösung des gewöhnlichen homogenen Anfangswertproblems

$$\frac{d\mathfrak{Y}(t)}{dt} = A(t)\,\mathfrak{Y}(t), \quad \mathfrak{Y}(t_0) = \mathfrak{Y}_0$$

$$\|\mathfrak{Y}(t)\| \leqq e^{\|\lfloor A \rfloor\|_{\lfloor\,\rfloor} |t - t_0|}\, \|\mathfrak{Y}\|.$$

Formel (34) schreiben wir nun in der Form

$$e_L^{\int_{t_0}^{t} A(\tau)\,d\tau} \in \lfloor E \rfloor + \frac{\lfloor A \rfloor}{1!}(t - t_0) + \cdots + \frac{(\lfloor A \rfloor)^n}{n!}(t - t_0)^n + \lfloor R_n \rfloor$$

mit

$$\lfloor R_n \rfloor = \sum_{\nu=n+1}^{\infty} \frac{(\lfloor A \rfloor)^{\nu}}{\nu!}(t - t_0)^{\nu}.$$

Wählen wir etwa als Matrixnorm die maximale Zeilenbetragssumme, so folgt

$$-\|\lfloor A \rfloor\|_{\lfloor\,\rfloor}\, \mathfrak{E} \leqq \lfloor A \leqq A \rfloor \leqq \|\lfloor A \rfloor\|_{\lfloor\,\rfloor}\, \mathfrak{E}^{*}$$

bzw. für $\lfloor A \rfloor \lfloor B \rfloor = \lfloor C \rfloor$

$$-\|\lfloor A \rfloor\|_{\lfloor\,\rfloor} \cdot \|\lfloor B \rfloor\|_{\lfloor\,\rfloor}\, \mathfrak{E} \leqq -\|\lfloor C \rfloor\|_{\lfloor\,\rfloor}\, \mathfrak{E} \leqq \lfloor C \leqq C \rfloor \leqq \|\lfloor C \rfloor\|_{\lfloor\,\rfloor}\, \mathfrak{E} \leqq \|\lfloor A \rfloor\|_{\lfloor\,\rfloor} \cdot \|\lfloor B \rfloor\|_{\lfloor\,\rfloor}\, \mathfrak{E}.$$

Daraus folgt

$$(\lfloor A \rfloor)^{\nu} \subseteq [-\|\lfloor A \rfloor\|_{\lfloor\,\rfloor}^{\nu}\, \mathfrak{E}, \|\lfloor A \rfloor\|_{\lfloor\,\rfloor}^{\nu}\, \mathfrak{E}]$$

$$\begin{aligned}\lfloor R_n \rfloor &= \sum_{\nu=n+1}^{\infty} \frac{(\lfloor A \rfloor)^{\nu}}{\nu!}(t - t_0)^{\nu} \subseteq \\ &\subseteq \left[-\frac{(\|\lfloor A \rfloor\|_{\lfloor\,\rfloor} \cdot |t - t_0|)^{n+1}}{(n+1)!}\, \mathfrak{E}, \frac{(\|\lfloor A \rfloor\|_{\lfloor\,\rfloor} \cdot |t - t_0|)^{n+1}}{(n+1)!}\, \mathfrak{E}\right] e^{\|\lfloor A \rfloor\|_{\lfloor\,\rfloor} |t - t_0|} \\ &= \lfloor S_n(t) \rfloor\end{aligned}$$

* $\mathfrak{E}$ Matrix, deren sämtliche Elemente gleich 1 sind.

Selbstverständlich gilt $\lim\limits_{n\to\infty} \lfloor S_n(t) = \lim\limits_{n\to\infty} S_n(t)\rfloor = 0$.

Insgesamt erhalten wir

$$(35) \qquad e_L^{\int_{t_0}^{t} A(\tau)\,d\tau} \in \lfloor E \rfloor + \sum_{\nu=1}^{n} \frac{(\lfloor A \rfloor)^\nu}{\nu!} (t - t_0)^\nu + \lfloor S_n(t) \rfloor$$

und entsprechend

$$(36) \qquad e_R^{-\int_{t_0}^{t} A(\tau)\,d\tau} \in \lfloor E \rfloor + \sum_{\nu=1}^{n} \frac{(-\lfloor A \rfloor)^\nu}{\nu!} (t - t_0)^\nu + \lfloor S_n(t) \rfloor.$$

Für die Lösung des homogenen gewöhnlichen Anfangswertproblems können wir schreiben

$$(37) \qquad \mathfrak{Y}(t) \in \left(\lfloor E \rfloor + \sum_{\nu=1}^{n} (\lfloor A \rfloor)^\nu \frac{(t - t_0)^\nu}{\nu!} \right) \lfloor \mathfrak{Y}_0 \rfloor + \lfloor S_n(t) \rfloor \lfloor \mathfrak{Y}_0 \rfloor.$$

Da $|t - t_0| \leqq |t_2 - t_1| = K$, so folgt

$$\lfloor S_n(t) \rfloor \subseteq \left[-\frac{(\| \lfloor A \rfloor \| K)^{n+1}}{(n+1)!} \mathfrak{E}, \frac{(\| \lfloor A \rfloor \| K)^{n+1}}{(n+1)!} \mathfrak{E} \right] e^{\| \lfloor A \rfloor \| K} = \lfloor \bar{S}_n \rfloor.$$

Für die Lösung des inhomogenen Systems

$$\frac{d\mathfrak{Y}(t)}{dt} = A(t)\,\mathfrak{Y}(t) + \mathfrak{b}(t), \quad \mathfrak{Y}(t_0) = \mathfrak{Y}_0,$$

welche sich in der Matrizantenschreibweise darstellen läßt durch

$$\mathfrak{Y}(t) = e_L^{\int_{t_0}^{t} A(\tau)\,d\tau} \left\{ \mathfrak{Y}_0 + \int_{t_0}^{t} e_R^{-\int_{t_0}^{\tau} A(\eta)\,d\eta}\, \mathfrak{b}(\tau)\,d\tau \right\}$$

gilt, wenn $\mathfrak{b}(t) \in \lfloor \mathfrak{b} \rfloor$ für $|t - t_0| \leqq K$

$$(38) \qquad \mathfrak{Y}(t) \in \left(\lfloor E \rfloor + \sum_{\nu=1}^{n} (\lfloor A \rfloor)^\nu \frac{(t - t_0)^\nu}{\nu!} + \lfloor \bar{S}_n \rfloor \right) \Big\{ \lfloor \mathfrak{Y}_0 \rfloor + (\lfloor E \rfloor\,(t - t_0)$$
$$+ \sum_{\nu=1}^{n} (-\lfloor A \rfloor)^\nu \frac{(t - t_0)^{\nu+1}}{(\nu+1)!} + (t - t_0)\,\lfloor \bar{S}_n \rfloor)\,\lfloor \mathfrak{b} \rfloor \Big\}.$$

Wir wollen nun entsprechend den bisherigen Überlegungen auch die Lösung des inhomogenen partiellen Differentialgleichungssystems

$$\frac{\partial u(t, x)}{\partial t} = A(t) \frac{\partial u(t, x)}{\partial x} + B(t)\,u(t, x) + c(t), \quad u(0, x) = \Phi(x),$$

welche nach (24) lautet:

$$u(t, x) = e_L^{\int_0^t B(\tau)\,d\tau} \left\{ e_L^{\int_0^t C(\tau)\,d\tau \frac{\partial}{\partial x}} [\Phi] + \int_0^t e_R^{-\int_0^\tau B(\eta)\,d\eta}\, c(\tau)\,d\tau \right\}$$

in Schranken einschließen.

Sei für $|t| \leqq \sigma$ $\quad \lfloor\sigma\rfloor = \left\{\begin{matrix} [0, \sigma], & t \geqq 0 \\ [-\sigma, 0], & t < 0 \end{matrix}\right\}$.

Es folgt

$$e_L^{\int_0^t B(\tau)\,d\tau} \in \left(\lfloor E\rfloor + \sum_{\nu=1}^{n} (\lfloor B\rfloor)^\nu \frac{(\lfloor\sigma\rfloor)^\nu}{\nu!} + \lfloor \bar{S}_n \rfloor\right) = \lfloor B_L \rfloor$$

bzw.

$$e_R^{-\int_0^t B(\tau)\,d\tau} \in \left(\lfloor E\rfloor + \sum_{\nu=1}^{n} (-\lfloor B\rfloor)^\nu \frac{(\lfloor\sigma\rfloor)^\nu}{\nu!} + \lfloor \bar{S}_n \rfloor\right) = \lfloor B_R \rfloor.$$

Hier ist

$$\lfloor \bar{S}_n \rfloor = \left[-\frac{(\|\lfloor B\rfloor\|_{\lfloor\,\rfloor}\,\sigma)^{n+1}}{(n+1)!}\,\mathfrak{E},\ \frac{(\|\lfloor B\rfloor\|_{\lfloor\,\rfloor}\,\sigma)^{n+1}}{(n+1)!}\,\mathfrak{E}\right] e^{\|\lfloor B\rfloor\|_{\lfloor\,\rfloor}\,\sigma}.$$

Dann ist

$$C(t) = e_R^{-\int_0^t B(\tau)\,d\tau} A(t)\, e_L^{\int_0^t B(\tau)\,d\tau} \in \lfloor B_R \rfloor \lfloor A \rfloor \lfloor B_L \rfloor = \lfloor C \rfloor,$$

wenn $A(t) \in \lfloor A \rfloor$ für $t \in \lfloor\sigma\rfloor$.

Die so konstruierten Schranken $\lfloor C$ und $C\rfloor$ für die Matrix $C(t)$ werden natürlich um so genauer sein, je kleiner σ ist, das heißt je mehr man das Gebiet auf einen schmalen Streifen in der Nähe der x-Achse beschränkt. Oft wird es jedoch möglich sein, eine erhebliche Steigerung der Genauigkeit dadurch zu erreichen, daß man zum Beispiel die Matrizen $A(t)$ und $B(t)$ in Schranken der Form

$$A(t) \in \lfloor A_0 \rfloor + \lfloor A_1 \rfloor t$$

einschließt.

Es ist

$$e_L^{\int_0^t C(\tau)\,d\tau \frac{\partial}{\partial x}} [\Phi] = \Phi(x) + \sum_{\nu=1}^{n} C_\nu(t)\, \Phi^{(\nu)}(x) + r_n(t, x)$$

$$r_n(t, x) = \sum_{\nu=n+1}^{\infty} C_\nu(t)\, \Phi^{(\nu)}(x).$$

Sei x ein beliebiger, fest gewählter Punkt in der Umgebung des Punktes x_0, in welcher $\Phi(x)$ analytisch ist. Wir wollen den Ausdruck

$$e_L^{\int_0^t C(\tau)\,d\tau \frac{\partial}{\partial x}} [\Phi]$$

in allen Punkten (t, x) mit $|t| \leqq \sigma$ in Schranken einschließen.

Zunächst ist

$$C_\nu(t)\, \Phi^{(\nu)}(x) \in (\lfloor C \rfloor)^\nu \frac{t^\nu}{\nu!} \lfloor \Phi^{(\nu)}(x) \rfloor.$$

Außerdem gilt

$$|r_n(t, x)| \leqq \sum_{\nu=n+1}^{\infty} \frac{1}{N} \frac{|\sigma\|C\|_1 N|^\nu}{\nu!} \sum_{\varrho=1}^{N} |\Phi_\varrho^{(\nu)}(x)|\, \mathfrak{n}$$

mit

$$\|C\|_1 = \max_{\substack{i,k=1(1)N \\ t\in\lfloor\sigma\rfloor}} |C_{ik}(t)|.$$

Entsprechend Formel (26) nehmen wir jetzt an, daß sich eine Abschätzung finden läßt

$$\sum_{\nu=n+1}^{\infty} \frac{1}{N} \sum_{\varrho=1}^{N} |\Phi_\varrho^{(\nu)}(x)| \frac{|\sigma\|C\|_1 N|^\nu}{\nu!} \leqq \varepsilon_n(\sigma, x)$$

mit

$$\lim_{n\to\infty} \varepsilon_n(\sigma, x) = 0.$$

Daraus folgt

$$(39) \qquad e_L^{\int_0^t C(\tau)\,d\tau \frac{\partial}{\partial x}} [\Phi] \in \lfloor\Phi\rfloor + \sum_{\nu=1}^{n} (\lfloor C\rfloor)^\nu \frac{t^\nu}{\nu!} \lfloor\Phi^{(\nu)}(x)\rfloor +$$

$$+ [-\varepsilon_n(\sigma, x), + \varepsilon_n(\sigma, x)]\, \mathfrak{n} = \lfloor e_L^{\int_0^t C(\tau)\,d\tau \frac{\partial}{\partial x}} [\Phi] \rfloor.$$

Für die Lösung des inhomogenen Anfangswertproblems erhalten wir damit insgesamt

$$(40) \qquad u(t, x) \in \left(\lfloor E\rfloor + \sum_{\nu=1}^{n} (\lfloor B\rfloor)^\nu \frac{t^\nu}{\nu!} + \lfloor \bar{S}_n\rfloor\right) \left\{ \lfloor e_L^{\int_0^t C(\tau)\,d\tau \frac{\partial}{\partial x}} [\Phi]\rfloor + \right.$$

$$\left. + \left(\lfloor E\rfloor\, t + \sum_{\nu=1}^{n} \frac{(-\lfloor B\rfloor)^\nu}{(\nu+1)!} t^{\nu+1} + t\, \lfloor \bar{S}_n\rfloor\right) \lfloor c\rfloor \right\}.$$

Bei Systemen in mehreren unabhängigen Variablen erhält man mittels der Formeln (30) und (33) nach ganz analogen Überlegungen entsprechende Schranken für die Lösung. Der Ausdruck (39) vereinfacht sich stark, wenn die Anfangsbedingungen Polynome sind, da dann die durch

$$e_L^{\int_0^t C(\tau)\,d\tau \frac{\partial}{\partial x}} [\Phi]$$

dargestellte Reihe nach endlich vielen Gliedern abbricht.

In diesem Falle kann die Genauigkeit des Verfahrens dadurch besonders erhöht werden, daß man das t-Intervall in (hinreichend kleine) Teilintervalle zerlegt

$$-\sigma < -t_k < \cdots < 0 < t_1 < t_2 < \cdots < t_k < \sigma$$

und nun zunächst die Lösung nebst ihren Ableitungen im Intervall $0 \leqq t \leqq t_1$ in Schranken einschließt. Anschließend kann man den gleichen Prozeß im nächsten Teilintervall $t_1 \leqq t \leqq t_2$ durchführen, indem man das System mit den neuen Anfangsbedingungen $u(t_1, x) = \psi(x)$ löst. Die Anfangsbedingungen $\psi(x)$, welche wieder Polynome sind, liegen dann nebst ihren Ableitungen als Ergebnis des ersten Schrittes bereits in Schranken vor. Infolge der Fehlerfortpflanzung verschlechtert sich die Qualität der gewonnenen Schranken zwar mit fortschreitender Entfernung von der x-Achse, jedoch hat man stets die Möglichkeit, durch Wahl einer kleineren Schrittweite auch in entfernteren Bereichen der x, t-Ebene hinreichend genaue Schranken zu konstruieren.

Der Fall, daß Polynome als Anfangsbedingungen vorliegen, wird immer dann von besonderer Wichtigkeit sein, wenn stetige Abhängigkeit der Lösung von den Anfangsbedingungen vorliegt, also zum Beispiel bei hyperbolischen Anfangswertproblemen. Man hat dann stets die Möglichkeit, die Anfangsbedingungen durch Polynome zu approximieren und das zugehörige Anfangswertproblem nach der geschilderten Methode zu lösen. Bei hyperbolischen Systemen in zwei unabhängigen Variablen

$$\frac{\partial u(t, x)}{\partial t} = \lambda(t) \frac{\partial u(t, x)}{\partial x} + A(t)\, u(t, x) + b(t),$$

$\lambda(t)$ Diagonalmatrix, und einmal stetig differenzierbaren Koeffizienten und Anfangsbedingungen existiert wie in vielen anderen Fällen eine Abschätzung*

$$\max_{t, x \in \mathfrak{G}} |u_i - v_i| = \varepsilon \leqq \eta\, e^{ANT}$$

wobei

$$\max_{t, x \in \mathfrak{G}} |\Phi_i - \psi_i| = \eta$$

$$\bigwedge i = 1\,(1)\,N,\ A = \max_{\substack{i, j = 1\,(1)\,N \\ t, x \in \mathfrak{G}}} |a_{ij}|,\ T = \max_{t, x \in \mathfrak{G}} |t|.$$

Hierbei ist $u(t, x)$ die für die gegebene stetig diffenzierbare Anfangsbedingung $\Phi(x)$ und $v(t, x)$ die bezüglich der Näherungspolynome $\psi(x)$ gebildete Lösung. ($\mathfrak{G}$ ist ein durch die Charakteristiken des Systems definiertes Gebiet.) Somit hat man den durch die Polynomapproximation in die Lösung eingehenden Fehler stets unter Kontrolle.

Abschließend sei bemerkt, daß die in den Kapiteln IV. und V. gewonnenen Ergebnisse insbesondere den wichtigen Spezialfall konstanter Koeffizienten umfassen und dabei keinerlei Voraussetzungen über Größe und Gestalt der auftretenden Matrizen verlangen. Besonders im Hinblick auf die Überlegungen des Kapitels V. erscheint die Anwendung der hier geschilderten Methode speziell in dem Fall von Vorteil zu sein, wo es sich um Matrizen großer Zeilenzahl handelt, welche zum Beispiel bei der Reduktion von partiellen Differentialgleichungen höherer Ordnung auf Systeme erster Ordnung auftreten können.

Das folgende Beispiel, dessen exakte Lösung nach den Formeln des Kapitels IV. ermittelt wurde, ist mit zwei verschiedenen Schrittweiten gerechnet worden und veranschaulicht sowohl den Einfluß der gewählten Schrittweite als auch das Fehlerwachstum bei zunehmender Entfernung von der x-Achse.

Beispiel:

$$\frac{\partial^2 u_0}{\partial t^2} = t^2 \frac{\partial^2 u_0}{\partial x^2} + |t| \frac{\partial u_0}{\partial x} + t^3 \sin t$$

$$u_0(0, x) = x^2 - x + 1$$

$$\frac{\partial u_0}{\partial t}(0, x) = 1 - x^2.$$

* Siehe [2], S. 73.

Verwandlung in ein System erster Ordnung:

Mit $\frac{\partial u_0}{\partial t} = u_1$ und $\frac{\partial u_0}{\partial x} = u_2$ erhalten wir das folgende System

$$\begin{pmatrix} u_0 \\ u_1 \\ u_2 \end{pmatrix}_t = A(t) \begin{pmatrix} u_0 \\ u_1 \\ u_2 \end{pmatrix}_x + B(t) \begin{pmatrix} u_0 \\ u_1 \\ u_2 \end{pmatrix} + c(t)$$

$$A(t) = \begin{pmatrix} 0 & 0 & 0 \\ 0 & 0 & t^2 \\ 0 & 1 & 0 \end{pmatrix}, B(t) = \begin{pmatrix} 0 & 1 & 0 \\ 0 & 0 & |t| \\ 0 & 0 & 0 \end{pmatrix}, c(t) = \begin{pmatrix} 0 \\ t^3 \sin t \\ 0 \end{pmatrix}$$

$$\begin{pmatrix} u_0(0, x) \\ u_1(0, x) \\ u_2(0, x) \end{pmatrix} = \Phi(x) = \begin{pmatrix} x^2 - x + 1 \\ 1 - x^2 \\ 2x - 1 \end{pmatrix}$$

$$e_L^{\int_0^t B(\tau)\, d\tau} = E + \underbrace{\int_0^t B(\tau)\, d\tau}_{B_1} + \underbrace{\int_0^t B(\tau)\, B_1(\tau)\, d\tau}_{B_2} + \cdots$$

$$= E + \begin{pmatrix} 0 & t & 0 \\ 0 & 0 & \frac{|t|\, t}{2} \\ 0 & 0 & 0 \end{pmatrix} + \begin{pmatrix} 0 & 0 & \frac{|t|\, t^2}{3!} \\ 0 & 0 & 0 \\ 0 & 0 & 0 \end{pmatrix}$$

$$= \begin{pmatrix} 1 & t & \frac{|t|\, t^2}{3!} \\ 0 & 1 & \frac{|t|\, t}{2} \\ 0 & 0 & 1 \end{pmatrix}.$$

Entsprechend erhält man

$$e_R^{-\int_0^t B(\tau)\, d\tau} = \left(e_L^{\int_0^t B(\tau)\, d\tau} \right)^{-1} = \begin{pmatrix} 1 & -t & \frac{|t|\, t^2}{3} \\ 0 & 1 & \frac{-|t|\, t}{2} \\ 0 & 0 & 1 \end{pmatrix}$$

$$C(t) = e_R^{-\int_0^t B(\tau)\, d\tau} A(t)\, e_L^{\int_0^t B(\tau)\, d\tau} = \begin{pmatrix} 0 & \frac{|t|\, t^2}{3} & \frac{t^5}{6} - t^3 \\ 0 & \frac{-|t|\, t}{2} & \frac{-t^4}{4} + t^2 \\ 0 & 1 & \frac{|t|\, t}{2} \end{pmatrix}$$

$$e_L^{\int_0^t C(\tau)\,d\tau \frac{\partial}{\partial x}}[\Phi] = \Phi(x) + \int_0^t C(\tau)\,d\tau\, \Phi'(x) + \int_0^t C(\tau)\, C_1(\tau)\, d\tau\, \Phi''(x)$$

$$= \Phi(x) + \int_0^t C(\tau)\, d\tau \begin{pmatrix} 2x-1 \\ -2x \\ 2 \end{pmatrix} + \int_0^t C(\tau)\, C_1(\tau)\, d\tau \begin{pmatrix} 2 \\ -2 \\ 0 \end{pmatrix}.$$

Als Lösung des Systems erhält man

$$\begin{pmatrix} u_0 \\ u_1 \\ u_2 \end{pmatrix} = \begin{pmatrix} 1 & t & \frac{|t|\,t^2}{3!} \\ 0 & 1 & \frac{|t|\,t}{2} \\ 0 & 0 & 1 \end{pmatrix} \left\{ \begin{pmatrix} x^2 - x + 1 \\ -x^2 + 1 \\ 2x - 1 \end{pmatrix} + \right.$$

$$+ \begin{pmatrix} 0 & \frac{|t|\,t^3}{4 \cdot 3} & \frac{t^6}{6^2} - \frac{t^4}{4} \\ 0 & \frac{-|t|\,t^2}{3!} & \frac{-t^5}{5 \cdot 4} + \frac{t^3}{3} \\ 0 & t & \frac{|t|\,t^2}{3!} \end{pmatrix} \begin{pmatrix} 2x-1 \\ -2x \\ 2 \end{pmatrix} +$$

$$+ \begin{pmatrix} 0 & \frac{t^7}{7 \cdot 3^2} - \frac{t^5}{5} & \frac{|t|\,t^8}{9 \cdot 5 \cdot 3^2 \cdot 2} - \frac{|t|\,t^6}{9 \cdot 7 \cdot 2} \\ 0 & \frac{-t^6}{6 \cdot 3 \cdot 2} + \frac{t^4}{4} & \frac{-|t|\,t^7}{8 \cdot 5 \cdot 4 \cdot 3} \\ 0 & \frac{|t|\,t^3}{4 \cdot 3} & \frac{t^6}{6 \cdot 5 \cdot 3 \cdot 2} + \frac{t^4}{4 \cdot 3} \end{pmatrix} \begin{pmatrix} 2 \\ -2 \\ 0 \end{pmatrix} +$$

$$\left. + \int_0^t \begin{pmatrix} 1 & -\tau & \frac{|\tau|\,\tau^2}{3} \\ 0 & 1 & \frac{-|\tau|\,\tau}{2} \\ 0 & 0 & 1 \end{pmatrix} \begin{pmatrix} 0 \\ \tau^3 \sin \tau \\ 0 \end{pmatrix} d\tau \right\}.$$

Die erste Komponente $u_0(t, x)$ ist die Lösung der vorgelegten Gleichung zweiter Ordnung

$$u_0(t, x) = x^2 - x + 1 + t(1 - x^2) + (2x - 1)\frac{|t|\,t^2}{3!} + \frac{t^4}{6} - x\frac{|t|\,t^3}{6} - \frac{t^5}{10} +$$

$$+ \frac{t^6}{10 \cdot 9} - \frac{t^7}{9 \cdot 7 \cdot 4} + t(18 - t^2)\sin t + 6(4 - t^2)\cos t - 24$$

$x = -2{,}00$ Schrittweite $h = 0{,}50$

T	$\lfloor u_0$	u_0	$u_0 \rfloor$
0,25	6,04797995	6,23884392	6,36168242
0,50	4,85655838	5,42457867	5,81117523
0,75	3,07761958	4,53982091	5,89535826
1,00	0,28047301	3,60425758	6,40179038
—0,25	7,51305777	7,73643517	7,85801095
—0,50	7,73155773	8,38916206	8,93617582
—0,75	6,27956557	8,87634397	10,56046140
—1,00	3,65668085	9,13759041	13,20876729

$x = 2{,}00$ Schrittweite $h = 0{,}50$

T	$\lfloor u_0$	u_0	$u_0 \rfloor$
0,25	2,11074015	2,25707316	2,39514336
0,50	1,17320058	1,54957867	2,01843989
0,75	—0,45034496	0,89138341	2,04196554
1,00	—2,53959978	0,27092433	3,02608359
—0,25	3,60706791	3,75987267	3,92272183
—0,50	4,04819983	4,59749556	5,14344054
—0,75	3,49612311	5,64978147	7,63525599
—1,00	1,95248574	7,13759065	11,42925429

$x = -2{,}00$ Schrittweite $h = 0{,}10$

T	$\lfloor u_0$	u_0	$u_0 \rfloor$
0,05	6,84919751	6,84989810	6,85015327
0,10	6,69708711	6,69921517	6,70041138
0,15	6,54249364	6,54743266	6,55078965
0,20	6,38514656	6,39410329	6,40036559
0,25	6,22406954	6,23884392	6,24974751
0,30	6,05869275	6,08133578	6,09737003
0,35	5,88909274	5,92132211	5,94516140
0,40	5,71346074	5,75860572	5,79014194
0,45	5,53417832	5,59305096	5,63665986
0,50	5,34684783	5,42457867	5,47916985
0,55	5,15783060	5,25316954	5,32590479
0,60	4,95835608	5,07886243	5,16723639
0,65	4,76085925	4,90175462	5,01707339
0,70	4,54997575	4,72200251	4,85986483
0,75	4,34671205	4,53982091	4,71725082
0,80	4,12645292	4,35548568	4,56565696
0,85	3,92166695	4,16933417	4,43670261
0,90	3,69538558	3,98176193	4,29649317
0,95	3,49483117	3,79322934	4,18899989
1,00	3,26709870	3,60425758	4,06757426

$x = 2{,}00$ Schrittweite $h = 0{,}10$

T	$\lfloor u_0$	u_0	$u^0\rfloor$
0,05	2,84979784	2,85006070	2,85050324
0,10	2,69958746	2,70048189	2,70191231
0,15	2,54849580	2,55159545	2,55453897
0,20	2,39815268	2,40370345	2,40936735
0,25	2,24569371	2,25707316	2,26507801
0,30	2,09504652	2,11193585	2,12463549
0,35	1,94022880	1,96848464	1,98378025
0,40	1,78851226	1,82687235	1,84871677
0,45	1,63007917	1,68721342	1,71129498
0,50	1,47617154	1,54957867	1,58185250
0,55	1,31285332	1,41399860	1,44774601
0,60	1,15551795	1,28046250	1,32399072
0,65	0,98626346	1,14891696	1,19315021
0,70	0,82436375	1,01926923	1,07516138
0,75	0,64852814	0,89138341	0,94772995
0,80	0,48118542	0,76508570	0,83572497
0,85	0,29863457	0,64016342	0,71208556
0,90	0,12516676	0,51636195	0,60651928
0,95	—0,06382480	0,39339185	0,48734478
1,00	—0,24381323	0,27092433	0,38884898

$x = —2{,}00$ Schrittweite $h = 0{,}10$

T	$\lfloor u_0$	u_0	$u_0\rfloor$
—0,05	7,14914620	7,14989400	7,15015197
—0,10	7,29688704	7,29915047	7,30061126
—0,15	7,44123185	7,44711041	7,45064831
—0,20	7,58283544	7,59310055	7,60045624
—0,25	7,71699065	7,73643517	7,74745667
—0,30	7,84741306	7,87642193	7,89417827
—0,35	7,96456671	8,01236820	8,03430545
—0,40	8,07726228	8,14358711	8,17458570
—0,45	8,16913807	8,26940370	8,30327201
—0,50	8,25595295	8,38916206	8,43298045

$x = 2{,}00$ Schrittweite $h = 0{,}10$

T	$\lfloor u_0$	u_0	$u_0\rfloor$
—0,05	3,14979658	3,15006495	3,15055200
—0,10	3,29938743	3,30055046	3,30211225
—0,15	3,44848126	3,45194817	3,45565492
—0,20	3,59782961	3,60483408	3,61147305
—0,25	3,74661499	3,75987267	3,77091855
—0,30	3,89604601	3,91782188	3,93400285
—0,35	4,04465067	4,07953906	4,10260797
—0,40	4,19413513	4,24598718	4,27631450
—0,45	4,34235072	4,41824126	4,45789874
—0,50	4,49136877	4,59749556	4,64611119

Literaturverzeichnis

[1] GANTMACHER, Matrizenrechnung II, Hochschulbücher für Mathematik, Bd. 37.

[2] PETROVSKY, I. G., Lectures on partial differential equations, Interscience Publishers, Inc., New York–London 1964.

[3] KRÜCKEBERG, F., Zur numerischen Intervallrechnung, Rheinisch-Westfälisches Institut für Instrumentelle Mathematik, Bonn, Juni 1966.

[4] KRÜCKEBERG, F., Zur numerischen Integration und Fehlerrechnung bei gewöhnlichen Differentialgleichungen, in: »Mathematische Methoden der Himmelsmechanik und Astronautik«, herausgegeben von E. Stiefel, Mathematisches Forschungsinstitut Oberwolfach, Berichte Nr. 1 (Vortrag 1964).

[5] KRÜCKEBERG, F., Inversion von Matrizen mit Fehlererfassung, Vortrag GAMM-Tagung, Darmstadt 1966, ZAMM, Bd. 46 (1966)

[6] SCHARF, V., Über die Konstruktion u. Darstellung der Lösungen einiger Klassen von Anfangswertproblemen. Erscheint demnächst in dieser Schriftenreihe.

Forschungsberichte des Landes Nordrhein-Westfalen

Herausgegeben im Auftrage des Ministerpräsidenten Heinz Kühn
von Staatssekretär Professor Dr. h. c. Dr. E. h. Leo Brandt

Sachgruppenverzeichnis

Acetylen · Schweißtechnik

Acetylene · Welding gracitice
Acétylène · Technique du soudage
Acetileno · Técnica de la soldadura
Ацетилен и техника сварки

Arbeitswissenschaft

Labor science
Science du travail
Trabajo científico
Вопросы трудового процесса

Bau · Steine · Erden

Constructure · Construction material · Soil research
Construction · Matériaux de construction · Recherche souterraine
La construcción · Materiales de construcción · Reconocimiento del suelo
Строительство и строительные материалы

Bergbau

Mining
Exploitation des mines
Minería
Горное дело

Biologie

Biology
Biologie
Biologia
Биология

Chemie

Chemistry
Chimie
Quimica
Химия

Druck · Farbe · Papier · Photographie

Printing · Color · Paper · Photography
Imprimerie · Couleur · Papier · Photographie
Artes gráficas · Color · Papel · Fotografía
Типография · Краски · Бумага · Фотография

Eisenverarbeitende Industrie

Metal working industry
Industrie du fer
Industria del hierro
Металлообработывающая промышленность

Elektrotechnik · Optik

Electrotechnology · Optics
Electrotechnique · Optique
Electrotécnica · Optica
Электротехника и оптика

Energiewirtschaft

Power economy
Energie
Energía
Энергетическое хозяиство

Fahrzeugbau · Gasmotoren

Vehicle construction · Engines
Construction de véhicules · Moteurs
Construcción de vehículos · Motores
Производство транспортных · Средств

Fertigung

Fabrication
Fabrication
Fabricación
Производство

Funktechnik · Astronomie

Radio engineering · Astronomy
Radiotechnique · Astronomie
Radiotécnica · Astronomía
Радиотехника и астрономия

MIX
Papier aus verantwortungsvollen Quellen
Paper from responsible sources
FSC® C105338

If you have any concerns about our products,
you can contact us on
ProductSafety@springernature.com

In case Publisher is established outside the EU,
the EU authorized representative is:
Springer Nature Customer Service Center GmbH
Europaplatz 3, 69115 Heidelberg, Germany

Printed by Libri Plureos GmbH
in Hamburg, Germany